像间谍一样观察

[美] 杰克・谢弗（Jack Schafer） [美] 马文・卡林斯（Marvin Karlins）_ 著
谭永乐 _ 译

THE LIKE SWITCH

中信出版集团・北京

图书在版编目（CIP）数据

像间谍一样观察 /（美）杰克 · 谢弗,（美）马文 · 卡林斯著；谭永乐译. -- 北京：中信出版社，2019.1

书名原文：THE LIKE SWITCH

ISBN 978-7-5086-9702-4

I. ①像… II. ①杰… ②马… ③谭… III. ①观察法－通俗读物 IV. ①B841.5-49

中国版本图书馆 CIP 数据核字（2018）第 247367 号

像间谍一样观察

著　　者：[美] 杰克 · 谢弗　[美] 马文 · 卡林斯
译　　者：谭永乐
出版发行：中信出版集团股份有限公司
（北京市朝阳区惠新东街甲 4 号富盛大厦 2 座　邮编　100029）
承 印 者：北京画中画印刷有限公司

开　　本：880mm × 1230mm　1/32　　印　　张：9.25　　字　　数：212 千字
版　　次：2019 年 1 月第 1 版　　印　　次：2019 年 1 月第 1 次印刷
京权图字：01–2014–8372　　广告经营许可证：京朝工商广字第 8087 号
书　　号：ISBN 978–7–5086–9702–4
定　　价：58.00 元

致我的妻子海伦，她充满爱意，内心强大，

更以30多年的婚姻包容我的种种荒唐之举。

——杰克·谢弗

致我的妻子埃迪丝和女儿安伯，

感谢你们，以及你们的成就和博爱。

——马文·卡林斯

< 目 录 >

如何取信于人

当你听到“FBI”[①]时，你大概不会将其解读为“Friendly Bureau of Investigation”，即“友好调查局”。不过，专门从事行为分析的20年特工生涯强化了我的闪电读心术，让我对人性和人类的共同行为有了独到的理解。我的工作范围包括说服他人窥探自己的祖国，确认作案人并说服其全盘招供。我由此开发了许多不可思议的强大方法，足以获得对方的信任，而往往不必费口舌之劳。在担任FBI行为分析项目组的行为分析师期间，我开发了旨在招募间谍、结交死敌的诸多策略。换句话说，我开发了具有针对性的技能和技巧，可以化敌为友，令其自愿变身为我方间谍。

我可以将我的工作内容归纳为让人喜欢我。我和弗拉基米尔（我改动了讨论对象的姓名和身份特征并附加了某些材料，旨在以最

① FBI的英文全称为Federal Bureau of Investigation，即联邦调查局。——编者注

佳方式阐明我的工作内容）的接触是对这一点的恰当诠释。

弗拉基米尔非法进入美国从事间谍活动，他被捕时持有国防机密文件。作为一名FBI特别探员，我受命审讯他。在我们第一次见面时，他发誓在任何情况下都不会对我开口。于是，我针对他的抗拒行为启动了反击程序，坐在他的对面只管看报纸。但到一个精心设定的时间，我就会故意把报纸一折，一声不吭地走开。几天过去了，几周过去了，我始终坐在他对面看报纸，而他被铐在旁边的桌子上，一直保持沉默。

终于，他问我为什么每天都来看他。我折起报纸，看着他说："因为我想和你谈谈。"随后，我又打开报纸继续看，把弗拉基米尔晾在一边。过了一会儿，我还是一言不发地起身离开。

第二天，弗拉基米尔再次问我为什么每天都来看报纸。我再次告诉他，我来是因为想和他谈谈。我坐下来摊开报纸。几分钟后，弗拉基米尔说："我想和你谈谈。"我放下报纸说："弗拉基米尔，你确定想和我谈谈？我们刚见面时，你说过永远不对我开口的。"弗拉基米尔回答说："我想和你谈谈，除了间谍的事。"我接受了这个条件，但补充说："一旦你准备好要谈你的间谍活动，就要告诉我，好吗？"弗拉基米尔同意了。

在接下来的一个月里，除了他从事的间谍活动，弗拉基米尔和我谈话的内容无所不包。然后有一天下午，他宣布："我准备好要谈我做过的事了。"直到那时，我们才终于非常详细地谈及他的间谍活动。弗拉基米尔谈得无拘无束、实实在在，因为他并非出于强迫，而是喜欢我，把我当作朋友。

乍看起来，我在弗拉基米尔身上使用的审讯技巧似乎意义不大……但我所做的一切都经过了精心策划，意在实现弗拉基米尔的最终供述与合作。在这本书中，我将揭示策反弗拉基米尔的秘密所在，并告诉你如何利用类似的技巧博得任何人的一时倾心，或是终身爱戴。我能做到这一点，因为事实证明，我开发的这些交友和招募间谍的社交技巧具有同等效用，可成功应用于家庭、职场等任何人际交往场合。

但我并不认为这是从我的工作到日常生活的对应切换。事实上，直到我行将结束自己的FBI生涯时，这种状态才开始引起我的注意。当时，我正在教情报部门的新人如何招募间谍。某天因为要讲一门新课，我就早到了半个小时，想为分组练习布置教室。出乎意料的是，教室里已经有了两名学生，而我不认识他们。

他们安静地坐在前排，双手交叠放在课桌上，脸上充满了期待。考虑到时间尚早，而且大多数学生其实都不会提前到校，于是我心存疑惑。我问他们是谁，为何决定这么早就到学校。

“您还记得以前听过您的课的蒂姆吗？”其中一个学生问道。

“记得。”我说。

“几周前，我们俩和蒂姆一起去了酒吧。他谈到了你关于影响力与构建和谐关系的讲座。”

“然后呢？”我还是一头雾水。

“蒂姆吹嘘说，他在课堂上学到了如何追女孩子。”

“我们当然表示怀疑。”第二个学生说。

“我们就考验他，”第一个学生接着说，“我们在酒吧随机挑选了一个女孩子，让蒂姆把她请来和我们一起喝酒，但是不能用言语邀请。”

“他有什么反应？”我问。

“他接受了我们的挑战，”这位学生感叹道，“我们觉得他太狂妄了。可接下来，大约45分钟之后，那个女孩子就来到了我们这边，问她能否和我们一起喝一杯。我们仍然觉得难以理解，但这是我们亲眼所见。”

我摆出一副不明所以的表情，问道：“你们知道他是怎么做的吗？”

“不知道！”其中一个学生喊了出来。然后，他们俩异口同声地说：“我们来上您的课就是为了弄明白！”

我对其说法的第一反应是，我肯定具备他们所期待的专业水准，我还告诉他们，课堂培训的目的是将学生培养成精干的情报官，而不是搭讪艺术家。我的第二反应是非常惊讶，就像一种顿悟。蒂姆的荒唐行为让我突然意识到，应用招募间谍的这种技巧，可以赢得所谓的“约会游戏”。更重要的是，就其宽泛性而言，有意在任何个人互动中征服对方的人都可以随时采用这些技术。正是这种认识，成就了本书及其全部信息的启动平台。

从FBI退休后，我又获得了心理学博士学位，并得到了一所大学的教师职位。正是在这个人生阶段，我完善了如何取信于人的策略，从而帮助你在家庭、职场等任何人际交往场合构建成功的人际关系。例如：

- 销售新手可以利用本书介绍的技巧建立一份全新的客户名单。

- 销售老手也可以从中受益，学习如何维持或强化现有关系，开发更多客户。
- 从华尔街公司经理到餐馆服务员，所有级别和类型的员工都可以利用这些战术实现与上司、同事、下属、顾客更有效的互动。
- 家长可以利用这些战略修复、维护、强化亲子关系。
- 消费者可以利用此类信息获得更好的服务、更好的待遇、更具个性化的关注。
- 当然，寻觅朋友或是爱人的人也可以利用这些社交技能来应对这种难度较大的体验（在数字化社会尤其具有挑战性）。

《像间谍一样观察》的读者，是力图结交新朋友，维持或强化现有关系，为短暂邂逅增添快乐，得到更可观的奖金的任何人 。

收获友谊的挑战

人类是社会性动物。作为一个物种，我们必然要寻求与他人的交往。这种渴求根植于我们最初的起源，当我们走出洞穴，来到一个充满敌意和残酷无情的世界挣扎求存时，只有抱团才有机会逼近食物链的上端。因此，人们会认为能够结交朋友并非难事，甚至是一种天赋。但很遗憾，这不是事实。在越来越多的民意调查和研究中，报告说有孤立感，无力开发基本关系，遑论有意义的持久关系的人数在持续上升。随着社交媒体的引进，我们越发脱离意义重大的面对面形式的社会交往，从而加剧了这个问题的严重性。

与人交往，尤其是与你不了解的陌生人交往，会是一种具有挑战性甚至令人恐惧的体验。不论你是男性还是女性，在这方面似乎没有什么不同。这里的恐惧是指：害怕尴尬、被拒绝、伤感情，害怕给人留下坏印象，甚至害怕被利用或欺骗。好消息是，交往并非必然导致灾难。如果你正纠结于交友问题，或者只是希望改善既有的朋友关系，你需要的是鼓足勇气。你并不孤单，你的情况也并非不可挽回。本书旨在消除你与同事、家人、陌生人、情侣互动方面的担忧。

本书所述技巧基于最新的科学证据，可以让你最大限度地取信于人，而无须费口舌之劳，尽管你终究要和对方交谈。话语能将最初的友好感觉转化为友谊，并在某些情况下转化为终身关系。本书介绍了能让任何人对你一见钟情的非语言暗示和口头提示。

值得拥有的人际关系触手可及，它不劳猜想，也无关运气。它是运用业已被验证的科学知识和技术与他人交往的结果。结交朋友只需要3个步骤：

（1）你必须愿意学习、掌握本书介绍的技巧。这些技巧类似于建筑工人使用的电动工具——关键在于让工具发挥作用。我年轻时经常用手工锯锯木头，一天，父亲让我用他新买的电锯来锯。我拿起电锯就开始锯木块，和使用手工锯一样用力。父亲拍了拍我的肩膀，告诉我省点儿力气，让锯子工作。本书的技巧正是基于类似的正确原则。只管应用技巧，放松自己，让技巧代劳，结果会让你感到惊讶。

（2）你必须在日常人际交往中真正应用这方面的新知识。了解最佳行事方式固然好，但你必须真正应用学到的东西。要始终牢记，不付诸行动的知识没有任何价值。

（3）你必须不断地实践你学到的技巧。友谊技能就像一般技能一样，你应用得越多，就越熟练；应用得越少，就越容易淡忘。如果你愿意遵循这 3 个步骤，你就会发现，结交朋友变得和呼吸一样自然。

取信于人会变得易如反掌。你只需应用即将在下文中学到的信息，然后你将见证自己的LQ（讨喜商数）飙升。

1. 间谍的友谊公式

我知道，人们会忘记你说过的话、做过的事，

但永远不会忘记你带给他们的感觉。

——玛雅·安吉罗

“海鸥”行动

他是一位身居高位的他国外交官，代号是“海鸥”。

如果他成为美方间谍，对于美国来说，可能是一笔宝贵的财富。

问题在于，你要怎样才能说服别人，让他们发誓效忠于敌对国家？答案是：和“海鸥”交朋友，给他开出无法拒绝的诱人价码。这个策略主要涉及耐心——要潜心收集有关“海鸥”的全部的生活情报，并以某种方式促进他与自己可能信任的某个美国同行的关系发展。

针对“海鸥”的背景调查显示，他曾经多次错过晋升机会，还有人无意中听到他对妻子说，他喜欢在美国生活，如果可能的话，他会考虑退休后到美国生活。“海鸥”还担心自己国家的微薄退休金不足以为他提供舒适的退休生活。有了这些了解，安全分析师认为，如果给予“海鸥”适当的金钱刺激，他对自己祖国的忠诚度就会打折扣。

这里的挑战在于如何去接近“海鸥”，和他达成金钱交易，同时不能让他受到惊吓。FBI特工查尔斯受命与“海鸥”发展关系，他要做到不动声色、有条不紊，就像等待一瓶美酒醇化出最佳口味那样。

查尔斯被告知，如果他操之过急，“海鸥”就有可能产生戒备心理，彻底回避与其接触。相反，他被指示要精心地策划行动方法，采取旨在建立友谊的行动策略：第一步，要在没有任何语言交流的情况下，让“海鸥”喜欢上他。第二步，使用恰当的语言提示，将这种好感转化为一种持久性的友谊。

在实际接触前的几个月，围绕与“海鸥”关键性邂逅的准备工作就已展开。监视情报确定，“海鸥”每周都会走出使馆一次，步行穿过两个街区，到一家街角商店购物。有了这些信息，查尔斯奉命在“海鸥”购物线路的不同位置驻守。他被警告绝对不要接近“海鸥”，也不能以任何方式胁迫他；相反，他只需“在那里出现”，并让海鸥看到。

作为一个训练有素的情报人员，“海鸥”很快就注意到了这位FBI特工，顺便说一句，后者根本无意掩饰自己的身份。由于查尔斯没有任何拦截举动，也不和他的“目标”打招呼，“海鸥”便没有感到自己受到了威胁，反而逐渐习惯了在购物途中看到这位美国人。

在同一地点碰面几周以后，“海鸥”开始与这位美国特工有了眼神交流。查尔斯点头回应“海鸥”的存在，但没有表现出更多关注。

又过了几周，正如他们所说，查尔斯增多了与“海鸥”的非语言互动，他的眼神交流变多了，还会挑眉、歪头，或是努起下巴。据科学家发现，所有这些非语言信号都会被人类大脑解读为“友好信号”。

两个月过去了，查尔斯开始了他的下一步行动——跟踪“海鸥”进入了他常去的那家商店，不过仍和他保持了一定距离。“海鸥”每次购物，查尔斯都会如影随形，跟着他一次次地进入商店。他一直和“海鸥”保持着距离，只是增加了和他在通道擦肩而过的次数，并延长了和他对视的时间。他注意到“海鸥”每次购物都要买一罐豌豆。掌握这条新信息后，查尔斯又等待了数周，然后照常跟着“海鸥”进入商店，但这次他向“海鸥”做了自我介绍。“海鸥”伸手拿豌豆罐的时候，查尔斯取下旁边的罐子，扭头对“海鸥”说：“你好，我叫查尔斯，是FBI特工。”“海鸥”笑着说：“我猜到了。”从这次波澜不惊的初识开始，查尔斯和“海鸥”建立起了深厚的友谊。“海鸥”最终同意向他的FBI新朋友定期提供机密信息。

漫不经心的旁观者如果看到了查尔斯对“海鸥”不惜数月的孜孜以求，会疑惑为何要这么久才让首次交谈发生。这并非偶然而为。事实上，整个“海鸥”招募策略就是一次精心策划的心理操作，目的是在两人之间建立一种在正常情况下绝对不会考虑的友谊。

作为FBI行为分析项目组的一员，我的任务是和同事一起策划针对“海鸥”的招募方案。我们的目标是让“海鸥”与我们的FBI特工查尔斯相处愉快，从而实现第一次会面，并希望在“海鸥”对查尔斯印象不错的情况下继之以更多会面。我们的任务难度相当大，因为“海鸥”是一位训练有素的情报人员，他会对任何可疑人物保持警惕，进而千方百计地避免与其接触。

要顺利地实现查尔斯与海鸥的第一次互动，就必须让这位外国特工在心理上接受他的美国同行。要做到这一点，查尔斯则必须采取针对性的措施。事实证明他取得了成功。如果你想建立短期或是长期友谊，就必须如法炮制，采取查尔斯征服“海鸥”的必要步骤。

我们用“海鸥”案例作为背景，审视一下查尔斯利用“友谊公式”成功完成目标招募的各个步骤。

友谊公式

友谊公式包括4个基本模块：趋近度、频率、持续时间、强度。这4个要素可以用下面的数学公式来表示：

友谊＝趋近度＋频率＋持续时间＋强度

趋近度是你和他人之间的距离，也是你和他人接触的时间长短。在“海鸥”案例中，查尔斯没有径直走到“海鸥”面前做自我介绍，这么做会导致“海鸥”快速离开现场。该事件要求采用一种更加慎重的方式，要让“海鸥”有时间“习惯”查尔斯的存在，不把他视为威胁。为了达到这个目的，需要引入趋近度这个友谊因子。趋近度是所有人际关系的基本要素，就像你的招募目标是建立某种人际关系的关键因素一样。趋近能让你的招募目标喜欢上你，增进你们之间的相互吸引。共享物理空间的人更可能关注彼此，即便是一言不发。

趋近度发挥作用的关键是目标必须处于一个没有威胁的环境。如果一个人感受到其他人的迫近威胁，就会“举起盾牌”采取回避行为，试图摆脱他人。在“海鸥”案例中，查尔斯逼近他的目标，但保持了一定的安全距离，以防止“海鸥”将他视为潜在威胁，从而引发“针锋相对”的反应。

频率是你和他人在一定时间内接触的次数，持续时间是指你和他人接触的时长。随着时间的推移，查尔斯应用了第二个和第三个友谊因子：频率和持续时间。为此，他埋伏在“海鸥”的购物线路上，有意增加这位外交官发现他的次数（频率）。几个月后，通过延长在“海鸥”周边的活动时间，他延长了每次相遇的持续时间。他跟踪目标进入杂货店，以延长他们的接触时间。

强度是指通过采取语言和非语言行为满足他人心理和/或生理需求的程度。强度是友谊公式的最后一个因子，随着时间的推移，“海鸥”越来越强烈地意识到查尔斯的存在，而这位FBI特工似乎颇为费解地不愿接近他，至此，强度因子终于发挥了作用。这就将作为强度类型之一的好奇引入了二者的相遇。一旦某个新刺激因素进入个人环境（在此事件中，是一个陌生人闯进了“海鸥”的世界），大脑就会本能地判断这个刺激因素是威胁还是感知威胁。如果新刺激因素被断定为威胁，这个人就会试图予以消除或是中和，为此采取硬性应对措施；如果新刺激因素未被视为威胁，那它就会成为好奇对象。这个人会希望深入了解新刺激因素：它是什么？它为什么出现？我可以对其加以利用吗？

查尔斯的行动是在安全距离内进行的，随着时间的推移，他成了“海鸥”的好奇对象。这种好奇促使“海鸥”去发现查尔斯的身份和动机。

“海鸥”后来告诉查尔斯，他的FBI特工身份一望即知。不管是真是假，“海鸥”收到的是来自这位FBI特工的非语言友好信号。

一旦“海鸥”断定查尔斯是一名FBI特工，他的好奇心就为之陡增。他当然明白自己是招募目标，但对方的目的是什么？价码如何？由于“海鸥”已经对自己的职务晋升和退休前景心灰意冷，他无疑思考过有关查尔斯的各种情形，包括做FBI的间谍。

成为间谍的决定并非一蹴而就。潜在间谍需要时间来形成他们自己的合理化策略，也需要时间去习惯自己的忠诚变向。针对“海鸥”的招募策略包括等待其萌生叛意。“海鸥”的想象力为其想法的成熟和绽放提供了必要的营养。这段等待期还让“海鸥”有时间说服他的妻子一起加入。随着查尔斯日益贴近“海鸥”，外交官不再将这位FBI特工视为潜在威胁，而将其视为希望——对未来美好岁月的希望——的象征。

一旦“海鸥”决意帮助这位FBI特工，他就不得不等待查尔斯接近他。“海鸥”后来告诉查尔斯，那种等待令人烦恼。他的好奇心达到了顶点。“为什么这位美国特工还不采取行动？”事实上，查尔斯最终在杂货店做自我介绍时，“海鸥”对他讲的第二句话就是：“你为什么没早点儿过来？”

有品质的聚会

持续时间有其独特的品质，因为你花在别人身上的时间越长，他们就越能影响你的思想和行动。导师会对长期相处的学生产生积极影响。动机不良者会对与之相处的人产生负面影响。持续时间影响力的最佳例子体现在家长和子女的关系上。家长花在子女身上的时间越长，就越有可能影响他们。如果家长陪伴的时间不足，孩子往往会增加和朋友相处的时间，在极端情况下，这些朋友会包括帮派成员。这些人会对孩子们有较大影响，因为他们的大部分时间都花在了孩子们身上。

持续时间和频率成反比关系。如果你能经常见到某个朋友，那么你们碰面的持续时间就会缩短。相反，如果你不常见你的朋友，你的拜访持续时间通常会显著延长。例如，如果你每天都能见到某个朋友，由于你可以随时跟进有关他的事态进展，你就可以缩短拜访的持续时间。但是，如果你每年只能和朋友见两次面，你的拜访持续时间就会延长。

回想一下你和久未谋面的朋友共进晚餐。你们会花几个小时去了解彼此的生活。如果你经常见到他，用餐时间就会大大缩短。相反，恋爱关系中的频率会很高，持续时间会很长，尤其是刚刚喜结良缘的新人们，他们希望尽可能地与对方共度更长的时间。这种关系的强度也是非常大的。

强化夫妻关系

现在，回想一下你目前或以往某段关系的开始，你应该可以看出它是按照友谊公式诸要素发展的。这个公式还能用以确认某段关系需要改进的部分。例如，一对结婚多年的夫妻觉得他们的关系正在恶化，但不知如何修复。通过审视友谊公式各要素的相互作用，他们可以自我评估双方关系。第一个要审视的要素是趋近度。夫妻俩是同处一屋，还是各自追求自己的目标，很少共享物理空间？第二个要素是频率。他们是否经常在一起生活？第三个要素是持续时间。当他们彼此相见时，会共度多长时间？第四个要素是强度，即维持关系的黏合剂。这对夫妻之间的关系可能具备趋近度、频率和持续时间，但缺乏强度。

这种组合的一个例子是，一对夫妻花了很长时间在家一起看电视，但没有任何情感互动。如果这对夫妻增进其关系强度，就可以改进这种关系。他们可以外出约会，重新点燃初次相见时的激情。他们可以每天晚上关上电视，在几小时里彼此倾诉，从而强化他们的关系。

友谊公式四要素的组合似乎没有穷尽，它取决于夫妻之间如何互动。在许多情况下，关系中的一方会差不多全年出差在外，趋近度不足会对关系造成负面影响，因为它往往导致频率、持续时间和强度的削减。趋近度的不足可以通过技术加以克服。借助电子邮件、短信、网络电话和社交媒体，可以保持频率、持续时间和强度。

一旦你了解了所有关系的基本要素，你将能通过有意识地调整这4个关系要素来评估既有关系，并培养全新关系。要进行关系的自我评估，就必须考察你目前所拥有的关系，审视这4个基本要素在其中所起的作用。如果你想强化某种关系，就要设法调整友谊公式，以实现预期效果。

通过逐渐削弱友谊公式的各个基本要素，你还可以摆脱不必要的关系。这样的逐渐削弱能以渐进方式降低无关人员的预期，从而不会伤害其感情，也不会令关系戛然而止。在大多数情况下，无关人员会很自然地得出关系不再可行的结论，转而向别人寻求更有价值的互动。

被蒙在鼓里的科学家

设想一下你是一个持有绝密通行证的科学家，担任美国国防部的承包商。一天，你似乎毫无缘由地接到一位他国大使馆官员的电话。

他邀请你去他的国家，就你的某项非涉密研究做一次讲座。你的所有费用将由该国邀请方承担。你将此邀约报告给美国国防部安全官员，他告诉你，只要你不讨论机密信息，你就可以去做演讲。你打电话确认你将成行，这位大使馆官员请你提前一周抵达，以便安排观光。你表示同意。你很兴奋，因为这是一个千载难逢的机会。

你在机场和该国邀请方的一位代表会面，他说他将全程担任你的向导兼翻译。每天早上，这位翻译都会到酒店见你，陪你吃早餐。你全天观光，所有用餐费都由翻译支付，他还安排了晚间的社交活动。翻译很友好，还和你讲了关于他的家庭和社交活动的事情。你回报以自己的家庭信息和无关紧要的其他信息，无非是你妻子和孩子的名字、他们的生日、你的结婚纪念日、你和家人庆祝的节日。几天时间过去了，你感到惊讶，你和你的翻译尽管文化背景迥异，共同点却非常多。

讲课的时间到了。讲座大厅座无虚席。你的演说备受好评。讲座结束时，一位听众走过来，说他对你的研究很感兴趣。他认为你的研究引人入胜、标新立异。他提出一个与你的课题相关的问题，这涉及你的研究领域。要回答这个问题，你必须披露相关的敏感信息，不过那不属于机密信息。你在冗长的解释过程中欣然提供了此类信息，尽管它近乎机密。

就在你候机飞回美国时，你的翻译告诉你：讲座大获成功，邀请方希望明年能邀请你再讲一次课。鉴于小讲座厅座无虚席，明年你将在大讲堂讲课。（翻译为这位科学家提供了一个自我陶醉的机会，这是最有力的奉承手段。这种奉承技巧将在后文讨论。）另外，你的夫人也会获邀陪同，费用全包。

身为FBI反间谍官员，我的任务是听取赴海外科学家的汇报，确定收集机密信息的外国情报官是否接近过他们。我问询过的许多科学家都描述过类似上文的故事。所有科学家都报告说，该国人是无可挑剔的东道主，从来不打听任何机密信息。零违规。结案。

让我感到困惑的是，这些科学家纷纷提到与其翻译有颇多共同之处。鉴于文化差异悬殊，这引起了我的好奇。我知道，建立“共同点”是缔造和谐的最快途径。（这种旨在建立融洽关系的技巧将在第2章讨论。）

于是，我利用友谊公式进一步评估这些科学家的外国之行。这里显然不乏趋近度。频率很低，因为科学家每年只去这个国家一次。如果频率低，持续时间就必须延长，以建立某种个人关系。持续时间的确很长。同一位翻译每天早上都去见科学家，白天和晚上都陪着他们。根据翻译和科学家的讨论话题判断，其强度也很高。我终于恍然大悟：科学家们正在被招募，但他们被蒙在鼓里，我也是直到此时才意识到这一点的。

科学家和我本人（暂时）没有看穿招募企图。那个国家的人有意无意地应用了描述人们自然发展友谊途径的友谊公式。由于它是一个自然过程，大脑不会注意到这种微妙的招募技巧。我从那时起开始和科学家们面谈，利用友谊公式确定外国情报机构是否尝试了某种招募举动。我要求科学家具体描述他们在旅行中与任何人交往的趋近度、频率、持续时间和强度。在科学家们奔赴该国之前，我还告诫他们留意该国人用来窃取我们机密的微妙技巧。

综观本书的其余部分，友谊公式都将作为搭建友谊的基础。无论你期待的是何种友谊类型（短期或长期，疏远或密切），它总会受到趋近度、频率、持续时间和强度的影响。假设友谊公式是建造房屋的混凝土基础，房屋可以是各式各样的，就像不同类型的友谊，但基础仍然大体相同。

好奇心圈套

在本地的一家咖啡店里，我遇到了一位好朋友的儿子菲利普。菲利普刚从一个小城的大学毕业，在洛杉矶找到了第一份工作。他是单身，很想结交新朋友。他一直生活在小城市，突然发现自己置身于一个大都会，在这里结交朋友似乎并非易事。

我建议他经常去住处附近的一家酒吧，并在进门时释放友好信号，传递出他并非某种威胁的信息（友好信号将在下一章介绍），然后独自到吧台、餐台或雅间落座。

每天都去酒吧能让他把握住趋近度，不断地现身能让他确立频率和持续时间。每次前往，他都可以延长面带微笑打量其他顾客的时间，从而逐渐增加强度，这也是友谊公式的最后一个组成部分。菲利普需要以好奇心为诱饵，吸引人们注意他。菲利普告诉我，他是一位古董弹球收藏家。于是，我建议他每次逛酒吧时都带上放大镜和一袋弹球。我还指导他把弹球放到吧台上，用放大镜逐个仔细查看。这种举动就是一个好奇心圈套。我还要他与酒保和侍者建立良好关系，因为他们将成为他的“酒吧社区大使”。由于酒保和侍者能与菲利普直接接触，其他顾客自然会向他们打听这个新人的来路。这时候，“大使们”就会说菲利普的好话，从而形成其他顾客看待菲利普的第一道滤网（第一道滤网将在下一章讨论）。

几周过去了，菲利普打电话给我，汇报说我是对的。他第一次去酒吧时点了一杯酒，排列出弹球，并用放大镜逐个查看。酒保给菲利普上酒之后几分钟，就来打探他的不寻常举动了。菲利普向酒保简单地介绍了他的弹球收藏，并指出每颗弹球的大小、颜色和纹理的不同之处。几次酒吧之行就让菲利普和酒保混成了熟人。

酒保喜欢菲利普，还把他介绍给几个显然在关注他这个怪癖的人。弹球充当了谈资，自然而然地成为通往其他话题的过渡桥梁。

友谊公式看似神奇，但事实并非如此。它只是反映了人们确立关系的常规方式。了解友谊发展的基本要素，能让建立友谊变得易如反掌。

“稀缺原理”和“压抑加剧冲动原理”

还记得弗拉基米尔起初发誓不对我开口的事吗？我做的第一件事是确立趋近度。我每天都坐在他旁边看报纸，一声不吭，几乎将其忽略。这种沉默行动确立了趋近度，但最重要的是，我没有对他构成威胁。一旦弗拉基米尔确定我并非威胁，他就萌生了好奇心。这个特工为什么每天都来？他有什么目的？他为什么一言不发？我的每日拜访和无声看报的行为充当了好奇心诱饵。弗拉基米尔的好奇心终于爆棚，他打破沉默，迈出了建立关系的第一步。和我说话不再是我的想法，而变成了他的想法。尽管如此，我并没有立即启动谈话，相反，我提醒他在我们初次见面时他曾经发的誓——绝不开口。除了友谊公式，这里还引入了两个心理学原理：“稀缺原理”和“压抑加剧冲动原理”（将在本书后文中讨论）。

简单地说，我并没有轻易理会弗拉基米尔，这加剧了他的好奇心，进而强化了他的交谈动机。一旦弗拉基米尔向我敞开心扉，我就能用本书讨论的融洽关系建立技巧，让他心甘情愿地为我提供信息。

为了有效地利用友谊公式，你必须牢记你要建立何种关系，你要在关注目标身上花费多长时间。如果你们只能偶尔见上几面，这个公式就无法发挥重大作用，让对方喜欢上你。举例说明：比如你去俄亥俄州的克里夫兰市参加一次为期一天的会议，遇到了一位别具魅力的先生或女士（你可以酌情选择性别），你想和他/她共度良宵。你为此释放了友好信号，但是毫无反响，事实上，对方“举起了盾牌”。在这种情况下，你不可能带此人去任何地方——至少今晚不行。不过，根据友谊公式，如果你搬到了克利夫兰，你还是能够利用趋近度、频率、持续时间和强度去发展关系，最终赢得此人的青睐。

识别大脑释放的信号

当两个人初次相见（假设彼此对对方一无所知）时，他们是陌生

人。想象一下你孤身行走在一个举目无亲的城市，周围的人各奔东西，或者想象一下你独坐在酒吧、餐馆或其他公共建筑里，周围的人根本不认识你。在这些情境中，你处于一个“陌生”地带。你是周围人的陌生人，正如他们是你的陌生人。

大多数人际交往停留在陌生地带。由于奔波生计，我们很少留意日常经历的数以百计甚至数以千计的人际交往。不过，有时陌生人的举动会让我们注意到他/她的存在，进而对其有所了解。这种举动不一定显眼。事实上，我们一开始甚至有可能纳闷：为什么某人会“引起我们的注意”？

那么，是什么让陌生人突然之间显现为我们的关注对象呢？他们是被你大脑的“领地扫描”所捕获了。科学家发现，在日常生活中，我们的感官会不断地向大脑发送信息，然后，大脑会通过处理信息对各种事项做出评估，包括进入我们观察范围的任何特定对象是否可以被忽略，是否值得接近，是否应该回避。这个过程自动或“固定”地植入我们的大脑，基于大脑智慧将特定的非语言和语言行为解读为“友好”、“中性”或“敌意”信号。

“领地扫描”功能可以用以下类比加以描述。一位女士在一片海滨沙滩走来走去。她在走动时手持一个金属探测器，来回扫描。她的行进过程基本不会中断，金属探测器也没有“捕获”沙滩下的任何可疑东西。可是，这台机器偶尔会发出鸣叫，这时候女士就会停下来挖沙子，查看那里埋了什么东西。她发现的可能是珠宝——昂贵的手表或值钱的硬币，也可能是垃圾——废弃的罐子或锡纸。如果她特别不幸，那里埋的也可能是被长期遗忘、一直等待引爆的某种地雷。

你的大脑如同金属探测器，不断地评估你所处的环境，指出你应该接近、回避的东西，或者可以忽略的无关东西。行为科学家花了数十年时间，探索、归类、描述各种被大脑解读为“友好”或“敌意”信号的人类行为。一旦你掌握这些信号，就能将其用于结交朋友，作为附带好处，还可以用于摆脱你想回避的人。

“城市怒容”

你是否想过，为什么有人似乎具备某种“技巧”，可以吸引别人，确立良好印象，让别人喜欢上自己，而生活同样精彩和成功的另一类人却似乎无法复制这种“魅力”？我们往往可以将其归结为在不知不觉中释放了敌意信号。另一位学生给我举了一个在这方面的很好的例子（很遗憾，这是关于她本人的例子）。她提到自己曾在我执教的中西部大学遭遇交友困局。她说大家经常说她外表冷漠、孤傲、不易接近，不过一旦和她相识，他们会很容易和她打成一片。

通过交谈，我发现她在亚特兰大一个危机四伏的社区长大，从小的耳濡目染让她学会了摆出强硬姿态。我告诉她，她不需要提高沟通技巧，相反，她要做的只是改变自己的待人方式。她无法停止以“城市怒容”面对这个世界。对于在艰险社区甚至只是大城市长大的人，这种情况并不鲜见。“城市怒容”释放了一种明确的非语言信号，将对方视为敌人而非朋友。它是在警告对方远离：别烦我。侵害者不太可能针对满脸“城市怒容”的人，所以拥有“城市怒容”成了是非之地的生存法宝。一旦她经过刻意调整，释放出更多友好信号而不是敌意信号，她和其他学生的交流就不会有太大困难了。

“城市怒容”

你愿意接近一个满脸带着“城市怒容”的人吗？请记住，许多展现这种表情的人完全没有意识到他们所表达的是阻止别人和自己互动的敌意信号。因此，我们很有必要了解语言和非语言恰当信号的构成。

有意识地行动

街头流浪者会不停地寻求施舍，尤其是在大城市里。他们会表现得很执着。不过，他们的执着并非随意而为。他们看准最有可能慷慨解囊的人，然后穷追不舍。他们怎么知道哪个人是软耳根，哪个人是硬心肠呢？很简单，他们靠搜寻友好和敌意信号来判断。如果他们的目标和自己有眼神接触，胜算上升；如果他们的目标露出笑容，胜算上升；如果他们的目标表露同情，胜算上升。

如果你经常成为乞讨者的目标，最大的可能是你在不经意间向他们释放了邀请个人接触的非语言信号。没有个人接触，讨到钱的可能性是不存在的。乞讨者对此心知肚明，所以他们会追求那些更可能给予他们回报的目标。因此，在这种情况下，一副“城市怒容”正好派上用场。

在我十几岁的时候，某天，我走在一个不熟悉的街区，发生的事情证明这是相当危险的。我当时有一种鱼儿出水的不适应感。一位长者意识到我是从“安乐窝”走丢了，就过来营救我。为了让我安全地走出这个街区，他主动给我提供了一些特别有用的建议：“走路要有一副目标明确的样子。摆动手臂，脚步坚定。如果有人和你搭讪，要做出巴不得开口的样子。如果能做到这些，你就不会被看作一个潜在受害者，也不太可能受到伤害。”这在当时是一个好建议，现在仍然是好建议。

你的非语言（行为方式）和语言（谈话内容）沟通行为会向你周围的人释放各种信号。有意识的行动都有其目的。对于潜在施暴者来说，你不太可能被看成猎物。就像一头狮子在追逐穿越非洲草原的兽群时，不可能再去瞄准那些健康、敏捷、警觉的羚羊。

库伦·海托有一个很有见地的观点备受推崇：“陌生人是朋友的源泉。”每当你初遇别人，对方首先是一个陌生人，在接触的一瞬间处于敌友之间的正中位置。如果采用本书讨论的非语言和语言信号，你就可以把陌生人变成朋友。

强化人际关系的非语言信号

想象你在开车回家的路上突然发现有一辆车紧跟在后面。你的大脑不断地从你的感官中提取信息并扫描潜在的危险数据，此时它检测到了某种威胁。那辆车很异常，它已经侵入了“安全距离”和“危险距离”之间的泡沫地带，对你的安全构成了威胁。这里的有趣之处在于：你一直在“自动”监测后面的交通状况，由于别的车辆没有侵入你的保护圈，你甚至没有意识自己有这种行为。只有当尾随车辆闯入正常跟车距离时，你才会留意。

驾车方面的道理同样适用于结交朋友。你的大脑会自动监测语言和非语言沟通状况。当输入数据被评估为正常且无威胁时，你会自动回应——它们不会引起怀疑或是危机感。你在本书中学到的技巧之所以奏效，在于它们没有逾越人类的底线。你或许认为某人会“留意”你的行为，但由于对方的大脑将此行为理解为正常举动，他并不会多加关注，就像以安全距离跟车不会引起特别注意一样。

在本书中，我们将重点讨论友好和敌意信号，它们都处在人类底线范围之内，可以用来强化你的人际关系。每个人都有能力使用这些信号，而且其实都曾在生活中应用。但遗憾的是，很多人并不知晓可供使用的全部信号，以及如何才能最有效地使用这些信号。时至今日，由于技术进步遏制了我们的“情商”发展，这种情形变得比以往更加严峻。

现实是唯一真实的东西

在一次讲课的开始，我邀请两位学生到教室前面，让他们面对面地坐在椅子上。我让他们互相交谈 5 分钟。他们一脸茫然，问我应该谈些什么。我说谈什么都可以。他们却想不出一个话题，只是坐在那里盯着对方！然后，我让他们背靠背地坐着，互发短信随便聊。令人惊讶的是，他们毫不费力地用短信足足聊了 5 分钟。

这里有一个问题。在手机和视频游戏出现之前的日子里，孩子们会通过操场上的面对面互动学习基本的社交技巧。他们学习交朋友的全部知识，学习如何处理冲突和人际差异——社交技巧正是在这个时期形成的。孩子们一路学习如何解读和传递微妙的非语言信号，尽管这些是他们无意中获得的认知。

在今天的“指聊”时代，孩子们不再追随前手机时代前辈的做法。他们宅在家里，玩视频游戏，和朋友互发短信。当然也有一些有组织的体育运动和校园活动，但在我们这个技术成熟的世界，面对面的社会交往已经急剧减少了。这很糟糕。这并不是说受高科技养育的孩子缺乏掌握社交技巧和信号的能力，而是他们缺乏磨炼这些技能的实践，无法有效地处理面对面的人际关系。

在下一页的左图中，请注意两个试图对话者彼此释放的冷漠信号：男子手插裤兜，眼望别处；女子目光下视。两个人没有倾斜头部，没有微笑，没有主动姿态，没有相互打量。下一页的右图显示的则是年轻人发短信时轻松、主动的肢体语言。

此书的目的，是让你以最佳形象结识朋友，成功享受人际关系——在现实生活中，而不只是在数字化生活中。

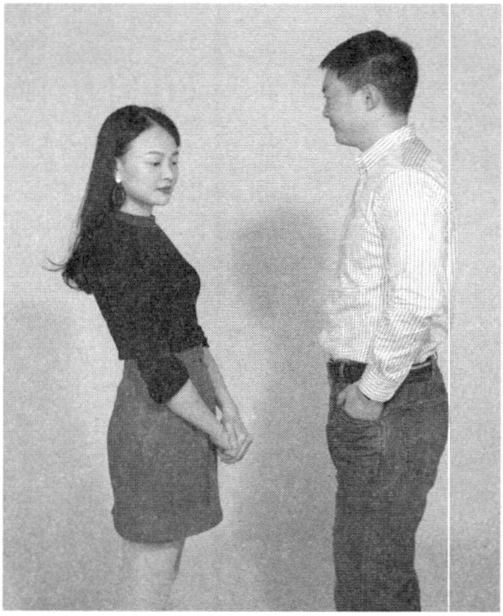

面对面的沟通比发短信更难的视觉演示

2. 释放友好信号

你没有第二次机会给人留下美好的第一印象。

——**威尔·罗杰斯**

你在孩提时期，或许有幸在某个夏夜慵懒地欣赏到大自然的灯光秀。你甚至会从厨房抓起一个广口瓶，试图捕捉在夜幕中明灭的点点荧光，它们就像一盏盏小灯笼在微风中漂浮。

萤火虫是地球上最迷人的昆虫之一。对于我们而言，萤火虫的发光原理并不那么重要，你必须是半个生物学家或是半个物理学家，才能理解这个过程。真正有趣的，是它们发光的原因。

事实证明，萤火虫发光有多种原因。一些科学家认为，它们闪光是为了警告潜在的掠食者，声明自己味道苦涩，难以下咽。掠食者如何“跳跃”到这个结论（“跳跃”是一个好词，因为青蛙似乎无数次地吞噬过它们）不得而知。还有人指出这样一个事实：不同品种的萤火虫有不同的闪光模式，可以帮助它们确认自己的种属成员，还能判定闪光者的性别。这里的有趣之处在于，萤火虫用闪光作为交配信号。此时的闪光就呈现出了一种全新的意义。据测定，雄性萤火虫有吸引雌性的特定闪光模式。如果你需要一段开场白，可以关注马克·布朗的发现：“事实证明，雄性如果加快闪光速度，提高闪光强度，就能对两个不同品种的雌性产生更大的吸引力。”

萤火虫的这种行为是一个很好的隐喻，可以解释如何增强对他人的吸引力，让对方把你当作潜在的朋友。人们往往先见面再交谈，所以你释放的非语言信号会影响对方的看法。当你初次见到一个素不相识的人时，这一点尤其正确。就像萤火虫那样，你可以向周围的人传递友好或者敌意信号，以便鼓励或者阻止互动。你也可以“停止闪光”，保持相对静默。

请记住，在两个或更多陌生人之间有视线相对的任何情形下，其中一人都有观察别人的机会。观察者的大脑会自动地处理他/她的发现，从而判定潜在的友好或者敌意信号。在大多数情况下，人的视觉表现会是“中性”的，大脑会将其评估为既非威胁又非机会，从而选择完全忽视。这就像某人试图在纽约市拦出租车：街道上穿梭着几十辆出租车，拦车人要关注的是出租车的顶灯——没亮灯的车会被迅速忽略，但是如果灯亮着，此人的注意力和行动就会被导向这一辆车。

我确信，为了邂逅异性，你们肯定去过酒吧或其他公众聚集的场所。你是否注意到，有些人似乎很吸引人，而其他人几乎被视而不见？有时候，这是体态吸引力或者财富外在表现的差异使然，但是很多时候，这是因为“受欢迎者”释放了友好信号，使自己从敌友之间的“中性”（陌生人）位置转向积极（友好）位置，从而增加了社交机会。

请记住，我们的大脑在不断地扫描外界的友好或敌意信号。释放敌意信号者会被视为一种必须回避的威胁；传递友好信号者会被视为不具威胁性，可以接近。尤其是你初次见到别人时，要确保释放适当的非语言信号，让对方以积极而不是中性或消极的眼光看待你。

三大友好信号

你可以用非语言友好信号增加别人对你积极关注的机会，为无论是短期还是长期的友谊奠定积极的基础，那么这些积极信号究竟有哪些呢？可供选择的信号有很多，但对于我们而言，如果你希望对方认为你可以亲近，而且值得发展友谊，就必须使用三个关键信号，即挑眉、歪头，以及绝非强颜欢笑的真心微笑。（是的，人类大脑可以洞察这种差异！）

1.挑眉

挑眉即持续大约 1/6 秒的眉毛快速上下运动，可用作一种基本的非语言友好信号。当人们彼此接近时，他们会对对方闪动眉毛，释放自己并不构成威胁的信号。在面对五六英尺①距离内的某个人时，我们的大脑会搜寻这个信号。如果信号显现，我们就给予回应，这种非语言沟通就能告诉对方，我们并非对方应该惧怕或回避的敌人。大多数人感觉不到自己的眉毛挑动，因为这几乎是下意识的动作。做个自我测试：观察人们的初次相见以及可能随之发生的互动。当人们在办公室或社交场合与别人初次打招呼时，他们会使用伴随眉毛挑动的口头问候。口头问候语可能包括“你好！”“什么事？”“怎么样？”人们第二次见面时仍没必要开口讲话，但还是会对对方挑眉，男性则会扬起下巴。扬起下巴是下巴朝前并略微向上的动作。下次你和某人见

① 1 英尺约为 0.3 米。——编者注

面时，留心一下你们双方的动作。人们见面时密集发生的非语言行为会让你吃惊。让你更加吃惊的是，你甚至一辈子都意识不到自己释放的非语言信号。

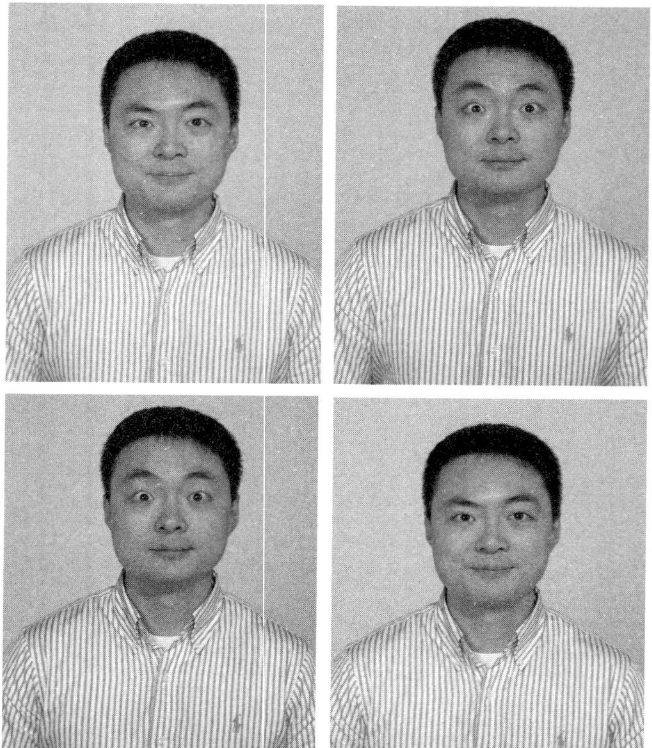

自然的挑眉。在现实生活中不会这么夸张，因为这种表情转瞬即逝……所以我才用“挑眉”这个词

挑眉可以长距离传递信号。如果你有意在一个拥挤的房间里结识某人，可以做出挑眉动作，等待回应信号。如果对方以挑眉动作回

应，你们就有进一步接触的可能。如果对方没有发出回应信号，可能意味着缺乏兴趣。因此，你可以用挑眉作为早期预警系统，帮助你判定你所关注的人是否对你感兴趣。没有挑眉回应能让你避免尴尬或是被直接拒绝，表明你的最佳行动应该是另作他寻，搜索更容易接近的对象。

如果你仍有兴趣结识没做出挑眉回应的人，尽管不能保证此人一定“高不可攀”，但在你决定真的尝试结识此人之前，你或许愿意使用（或者寻找）其他的友好信号。

友好的挑眉动作涉及与别人短暂的眼神接触，尤其是针对你不认识的人，或者身边经过的熟人。

两个人长时间的眼神接触表达了一种强烈的情感，或者是喜爱，或者是敌意。长时间的眼神接触（“直视”）令人不安，以至于在正常的社会交往中，我们会回避持续时间超过一两秒的眼神接触。在公共场合的陌生人群中，眼神接触一般只持续不到一秒钟，而大多数人会完全回避任何眼神接触。

挑眉并不都是友好信号。有关“不自然”挑眉的图例可见下一页。在现实生活中，如果一个人在挑眉时延长眉毛上挑的“滞空时间”，就会导致不自然的挑眉。在最好的情况下，不自然挑眉会被视为不友好；在最坏的情况下，则会被视为令人不寒而栗。如果你看到或是做出了不自然的挑眉动作，就会被对方视为一种敌意信号，而且像“城市怒容”那样，不利于社会交往或者结交朋友。

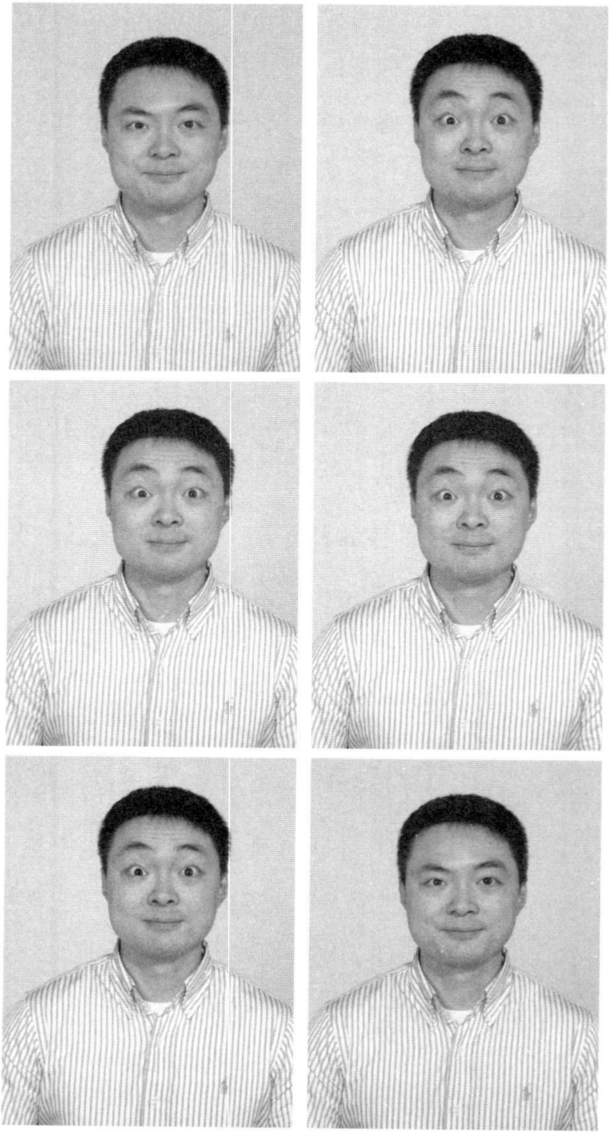

不自然的挑眉

2. 歪头

向左或向右歪头是一种非威胁性姿态。头部倾斜会暴露一侧颈动脉。颈动脉是供应大脑氧合血的途径。切断任何一侧颈动脉，都会在几分钟内致人死亡。感受到威胁的人会将脖子缩进肩膀，以保护其颈动脉。在遇到不构成威胁的人时，人们才会暴露自己的颈动脉。

歪头是一种强烈的友好信号。歪着头与他人互动的人被认为更值得信赖，也更有吸引力。在女人眼里，头向一侧略微倾斜走近自己的男人更显帅气；同样，男人觉得歪着头的女人更有魅力。此外，与对话时头部挺直的人相比，歪着头倾听对方讲话的人被认为更友好、更善良、更诚实。

歪头

女人比男人更常倾斜头部。男人往往挺直头部和人沟通，以显示自己占据主动。也许这种姿态在商界可以成为优势，但在社交场合，头部倾斜与否确实可能释放错误的信息。在酒吧等约会环境中，男性应在接近女性时有意识地朝一侧倾斜头部，否则会被视为挑衅。在这种情况下，你或许是一个“警觉”的人，并且心地善良，但你的行动会导致女性处于“戒备”状态，难以实现有意义的接触，甚至不可能实现。

歪头的友好魅力似乎适用于整个动物王国

3. 微笑

微笑是一种强烈的友好信号。笑脸被判断为更具吸引力、更加讨人喜欢，又不那么张扬。微笑反映了信心、快乐、热情，以及最重要的信号：接收你的信息。微笑可以传递友善，为微笑者平添魅力。单是微笑这个动作，就能使人置身更容易被接受的良好氛围中。在绝大多数情况下，人们会对自己喜欢的人微笑，而不会以微笑面对自己不喜欢的人。

微笑可以释放内啡肽，从而赋予我们幸福感。我们笑对他人时，对方很难不以微笑回应。这种回报性的微笑能让你的微笑对象获得良好的自我感觉，而且正如我们将在后续章节中了解到的，如果你能让别人自我感觉良好，他们就会喜欢上你。

你能说出哪种笑容是“真实”的微笑，哪种是“假装”的微笑吗？

如果不能区分的话，先别沮丧。其实，它们都是真实的微笑！

和微笑相关的唯一问题是，科学家和敏锐的社会大众很早就认识到：微笑有“真实”/“真诚”或者“假装”/“强装”之分。“真实”微笑用于我们确实想与之接触的人，或者我们已经认识并喜欢的人；“假装”微笑往往是我们在社会义务或者工作要求迫使我们对他人或群体显示友好姿态时才使用。

左上方的微笑是假装的，右上方的表情是中性的，下面的微笑才是真实的

如果你希望别人喜欢你，你的微笑应该真诚。真诚微笑的标志是嘴角上挑、脸颊抬升，伴随眼角起皱。和真诚的微笑相反，强装的微笑往往是偏向一侧的。惯用右手者的强装微笑往往偏向脸部右侧，惯用左手者的强装微笑往往偏向左侧。假装的微笑还缺乏同步性。它们的发生迟于真实的微笑，并以不规律的方式逐渐消失。人在真实微笑

时，脸颊抬升，眼袋形成，眼角出现鱼尾纹，一些人还会出现鼻子下探的动作；假装微笑时，你会发现嘴角没上挑，脸颊也没抬升，从而不会产生真诚微笑的标志性信号：眼角起皱。年轻人眼角起皱的现象往往难以看到，他们的皮肤比老人更有弹性。尽管如此，我们的大脑还是可以识别真实微笑和假装微笑的不同。

你微笑的方式将影响别人对你的看法，促进或阻碍友好关系的形成。尤其是女性，她们往往用微笑来规范初次相遇的基调，为之后的个人互动确立标准。男性更愿意接近对其展示微笑的女性——真诚的笑容是对男性接近的默许。勉强微笑或毫无笑意所释放的信息，表明女性对男性的试探不感兴趣。同样，通过调整微笑的频率和强度并配合其他友好信号，女性可以释放愿意让男性接近的信号。

学会随意生成“真实”微笑（尤其是你觉得没心情展现笑容时）需要进行练习。研究一下书中的图片，想象你在日常生活中看到的各种微笑，然后站到镜子前面，实际练习真假微笑。这并不困难。回想你曾经想向心爱的人表达真诚的感激之情，或者曾经对家庭晚宴上的某个不速之客或是某个令人生厌的生意伙伴强颜欢笑。练习真实微笑，直到它能自然而然地展现，然后你就可以在需要的时候有选择地使用了。

眼神接触

眼神接触能和其他朋友的信号相呼应。可以远距离尝试这种接触，因此，就像本章提到的其他非语言信号那样，它是一种在说话之前就能赢得关注的方法。此外，和其他非语言信号一样，它的目的是给信号接收者留下积极的个人印象，从而被视为一个潜在的朋友。

为了通过眼神接触释放友好信号，你先要找出感兴趣的人选，进行眼神接触时保持不超过一秒钟的直视。更长时间的直视有可能被视为挑衅，从而变成一种敌意信号。如前所述，尤其当你是在一个约会环境中直视某人时，你就是在入侵对方的个人空间。如果你未经允许进入对方的个人空间，你的行为就会被视为具有侵略性，甚至更糟，会被视为荒诞不经。

你应该以一个微笑终止眼神接触。如果无法呈现真诚笑容，就要确保你的嘴角上挑，眼角起皱。对别人报以微笑说明你对他/她颇有好感。如果你的关注对象面对你的直视，先是短暂地左顾右盼，然后又再次形成眼神接触，你就可以带着高度的自信去接近对方，因为你的试探将深受对方欢迎。

长久凝视是一个强大的友好关系缔造手段。这种非语言行为不应该与直视混淆。当你和别人接触时，你通常会锁定目光一秒钟或更短的时间，然后你会中断眼神接触。持续时间超过一秒钟或者两秒钟的眼神接触将被视为一种威胁。直视别人——尤其是陌生人——会被视为一种敌意信号。不过，当两人彼此了解和喜欢时，他们会进行更长时间的眼神接触。恋爱中的人往往长时间地凝视对方的眼睛。借助下面的技巧，可以将这种相互凝望的力量安全地应用到陌生人身上，从而推动友好关系的建立。

你在和你感兴趣的人发生眼神接触之后，保持直视一秒钟，然后慢慢转一下头，继续直视一两秒钟。你正在打量的人看到你的转头动作，会产生中断眼神接触的错觉，你的动作就不会被视为瞪视。这个技巧能强化你友好信号的情感内容。增加眼神接触这个技巧不应该用来强行获取过于仓促的亲切感。男性往往滥用这个技巧，从而破坏了潜在的关系。

瞳孔放大表示感兴趣。当一个人看到自己喜欢的人时，他的瞳孔，即眼睛的黑色部分就会扩张。瞳孔扩张得越大，就说明此人的兴趣越大。这显然是一种代表积极关注的暗示，尽管在日常人际交往中难以被发现。因此，它作为一种友好信号的价值是非常有限的。

蓝眼人的瞳孔放大效应最明显。黑眼人似乎较为奇特，因为他们的眼睛看起来一直处于扩张状态。在公元前最后一个世纪，当时最美的女人克利奥帕特拉使用一种天然药物——颠茄——扩张她的瞳孔，令自己看起来更显淫荡。由于瞳孔放大可能因背景光的变化而发生，所以在解读这种自动反应时要小心。

友好信号鼓励“招供”

在FBI工作期间，我们曾在一起案件中确认一名儿童性骚扰嫌疑人。已知的受害人只有一名，但有迹象表明还有不少人受害。据信，嫌疑人利用电脑选择作案目标。我希望立即逮捕他，但获得逮捕令所需的正当理由不足。

我决定会见嫌疑人，说服他允许FBI人员审查他的个人电脑。只要这次会见有一丝成功机会，我就必须创造一个非威胁环境，迅速地与之建立融洽关系，并在适当时机征求他的同意。我邀请嫌疑人到

FBI办公室见我，我这么做是为了让他产生一种控制意识（他可以决定自己的行动过程），并证明这次会见是自愿性质的（他并非被迫参与会见）。

在门口遇到嫌疑人时，我刻意挑动眉毛，略微倾斜头部，用眼睛周围的鱼尾纹堆积出“假笑”。我不可能表现出真实的友好信号，因为我发现此人的行为应受谴责。我和他热情地握手，请他进入会见室。我递给他一杯咖啡，这出于两个原因：第一，我想采用互惠关系这一心理原则。大家都认为，滴水之恩当涌泉相报，我提供咖啡就是为了换取他的同意。第二，我想通过嫌疑人放置杯子的方式来判定何时达成了默契（放置方式问题将在后面章节中讨论）。当我给他端上一杯咖啡时，他开口说道：“我做了那样的事情，你为什么还对我如此尊重？”正式谈话还没开始，他就不打自招了，尽管力度不大。我之所以能和嫌疑人建立充分的友好关系，是因为我用模拟友好信号令嫌疑人产生了一种错觉，让他认为我并非一种威胁，而是值得他托付秘密的人——那种足以让他在监狱中度过余生的秘密。

整容变美的悖论

关于友好信号，有时最好的意图会产生不可预见的负面后果。比如，可以想象韶华易逝的女人希望青春再现、挽回郎心的悲伤故事。她决定用肉毒杆菌整容，通过稍做修整，除去面部的多余线条和皱纹。她迫不及待地想向丈夫炫耀她的成果。

那么，丈夫看到“新”妻子时会有何反应？肉毒杆菌会麻痹眼睛周围的某些肌肉，时间大概要持续两个月，所以，她无法做出挑眉动作，无法展露饱满、真实的微笑，也无法展示丈夫看惯了的鱼尾纹。女人看似更有魅力，但她的丈夫无法得到他所习惯的友好信号，于是怀疑他的妻子不再爱他，她这么做只是为了更有资本去吸引别人。除非丈夫明白妻子为何无法释放他一直期待的友好信号，否则，这次美容尝试的结果只能变得非常尴尬！

十大社交细节

1. 触摸的尺度

触摸是一种有力的、微妙的、复杂的非语言沟通形式。在社交场合，触摸语言可用以传达数量惊人的各种消息。不同的触摸可以表达赞同、喜爱、接纳或者关注，提供支持、强调观点、提请关注或参与、引导、欢迎、祝贺、建立或强化亲密关系，以及确认亲密水平。

对于我们而言，触摸是结交朋友的过程中非常重要的一环，因为研究表明，即便是最短暂的触摸，也能对我们的观念和关系产生巨大的影响。实验结果显示，陌生人在社交场合不期而遇时，即便是轻微、短暂的手臂触碰，也会一并导致短暂和持久的积极效果。例如，当礼貌求助或问路时，伴以轻微的手臂触碰会产生更积极的效果。

但要小心行事：即便是最无辜的触碰，也可能引发对方的负面反应。这些负面反应包括撤回手臂、躲开、皱起眉头、转身离开，或者其他不满或生气的表现。这些负面反应表明，对方不可能把你当作潜在的朋友。

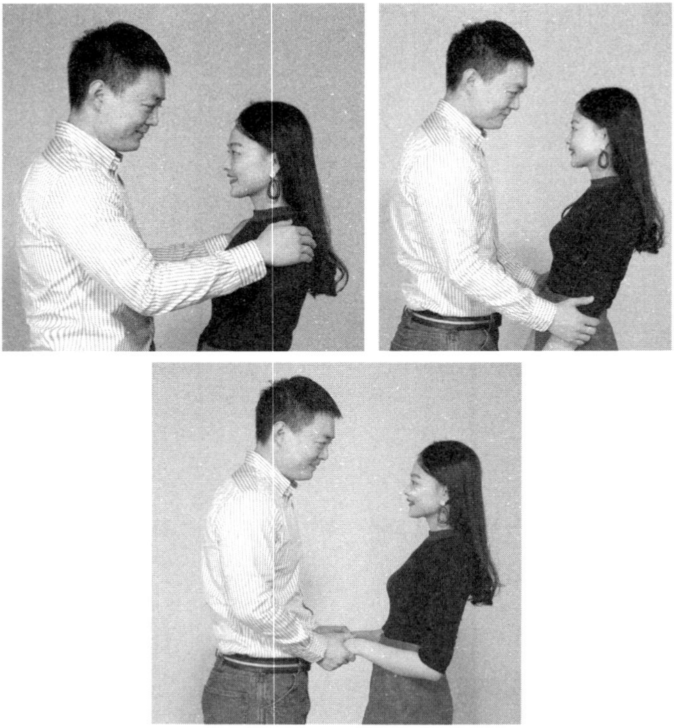

安全触摸完整示例。在展开一段关系之初，触摸应局限在肘部和肩部之间，以及拉手动作

除非对方特别害羞和矜持，对简单的手臂触摸表现出负面反应一般是在表明不喜欢或者不信任。除了传统的握手礼，触摸别人的手比触摸手臂更加私密。手部触摸是浪漫关系的晴雨表。电影往往会用手部触摸特写来释放信号，表明某种关系是冷淡、在升温，还是情深意浓。如果你去触摸某人的手而被避开，这表明对方还没有做好关系升级的准备。撤回手并不一定表示拒绝，它意味着你先要

和你感兴趣的人有更融洽的氛围，才能推进相互之间的关系。接受触摸表明对方做好了握手的准备，这是一种更热烈的触摸方式。在握手时，手指相扣是最亲密的握手方式。一种衡量新关系密切程度的安全方法，是“无意中”触碰或擦过你关注对象的手部。即使对方不招人待见，大多数人还是会容忍偶然的触碰，但他们会下意识地释放接受或拒绝触碰的非语言信号。要注意这些非语言表达方式，采取相应的行动。

2.模仿对方的行为

嗜同神经行为是一个有关“模仿”的别致术语，这种非语言行为可以更容易、更有效地促进友谊的形成。模仿会在你的目标对象心中造成某种良好印象。当你和某人初次相见，希望与之建立友谊时，要有意识地努力模仿其身体语言。如果对方抱着双臂站立，你也要抱着双臂站立；如果对方双腿交叉坐着，你也要双腿交叉坐着。在某些情况下，要做到模仿是不现实的：不能指望一位身着短裙的女性用大尺度双腿交叉的姿势去模仿与之谈话的对象。在这种情形下，可以用双腿相搭的姿势代替，女性可以让脚踝或膝盖部位略微交叉。

对方不会留意你的模仿行为，因为它没有越过人类的底线，大脑会将其视为“正常”之举。不过，不模仿却是一种敌意信号，会在双方不同步互动的情况下引起大脑的注意。未被模仿的对象或许无法具体说明自己为什么会觉得不舒服，不过，这种敌意信号将触发某种防御反应，从而阻碍友好关系的达成。

模仿需要练习。幸运的是，你可以在任何职业或社交场合练习这种行为。当你在工作场所或社交场所与朋友们随意交谈时，你会注意到每个成员都在彼此模仿。练习模仿技巧需要你改变动作姿势。在很短的时间内，其他成员就会模仿你的姿势。刚开始练习时，你会觉得似乎每个成员都明白你的意图。我可以向你保证，他们其实一无所知——你所体会到的是一种“聚光灯效应”，稍后我会在本章予以描述。练习模仿行为的另一种方式，是对你不期而遇的人进行随机模仿。经过几次练习，你将能掌握模仿技巧，并将其作为建立友谊的辅助工具。

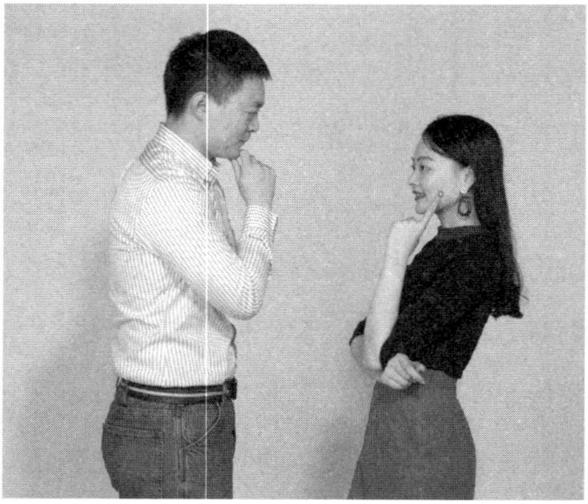

模仿姿势

3. 前倾示好

人们往往会倾身面对他们喜欢的人，对于不喜欢的人则会加大彼此的距离。我在FBI时，有时会受命参加使馆派对和外交宴会。我将大部分时间都用来观察其他客人，判断哪些关系已经稳固地建立了，哪些关系正在发展，哪些客人有意建立关系。

人们略微向后仰头以增大与对方的距离，这表明关系的建立不会顺利。当人们在互动的过程中撤身远离对方时，表明了同样的意思。人们还会重新调整自己的双脚位置，以远离不速之客。这些微妙的非语言线索可以表达接受和拒绝的不同意思。

前倾表示愿意建立关系。双方抵近交谈表明一种积极关系已经建立。伴随微笑、点头、歪头、耳语、触摸等其他友好信号的前倾动作表明，当事人之间形成了更加亲密的关系

我经常用非语言信号监测我的讲座效果。对素材感兴趣的学生会在座位上前倾，向右或向左歪头，周期性地点头默许。不感兴趣或者丧失兴趣的学生则会靠在座位上，翻着白眼，在极端的情况下甚至会前仰后合地打瞌睡。

关注非语言线索的做法还可以用于商业场合。如果你向一群人推销产品，通过监测听众的非语言姿态，你可以知道哪些人已被说服，哪些人正在犹豫，哪些人心生抗拒。

4. 重点关注异议人士

我在FBI时，不得不做大量的陈述报告。在一次陈述中，我试图为一项计划数月之久的行动争取必需的资金。该行动很复杂，而且代价高昂。获得经费的关键是让与会人员相信，这次行动的获益值得投入相应数量的资源。

我一边发表陈述，一边监测桌子周围人们的非语言姿势。我马上确认了自己的支持者。他们身体前倾，时不时地点头。我还确认了对行动益处或者资源投入心存疑虑的人。我的直接倾向是和赞成我的人交谈（多此一举），因为我将从那些和我思路一致的听众那里找到认同和安慰。我克服了这种诱惑。我无须说服已经认同者。我必须说服那些异议人士。

于是我把重点放在他们身上。我有好几次在房间里踱步，去靠近我的批评者，直面他们提出的个人诉求。渐渐地，我看到了势头逆转。那些原本一致反对我的人开始逐渐向我前倾，他们的头部也逐渐频繁地左右倾斜了。

陈述报告结束后，我的行动获得了批准。在我的情况陈述过程中，监测非语言线索并了解其用意给我带来了巨大的帮助。我得以针对不认同者进行专门的陈述，并最终说服了他们。

5. 私密耳语

耳语是一种亲密的行为，也是一种积极的友好信号。并非每个人都可以对你毫无顾忌地耳语。当你看到两人之间发生耳语时，你可以肯定他们存在某种密切的个人关系。

6.分享美食

想象你在一个餐馆用餐，这时有一个陌生人走到你桌前，从你的盘子里拿走了食物！你当然会觉得不舒服，而且极不可能邀请此人一起进餐。现在想象你正和家人其乐融融地用餐，你的儿子或妹妹走过来，从你的盘子里拿走一块食物。你可能做出的反应会和对待同样举动的陌生人完全不同。两种情况的区别在于，你和家庭成员关系亲密，在这个条件下，他们拿走你的食物被认为是合适的举动。所以，拿走食物是一个友好信号，在得到允许的情况下拿走食物表明了食物拥有者和获取者之间的密切关系。

7.表达好恶的姿态

在不同的文化之间，甚至在同一文化背景下，人们所采用的姿态的数量和强度都有所不同。哪怕是在一些社交相对受限的文化背景下，有些人也天生比别人具有更强的表达能力。尽管如此，彼此喜欢的人还是倾向于展现更具表达能力的姿态。表达性姿态表明你对别人的谈话内容感兴趣，并一直以发言者作为沟通焦点。

发言者可以在句子结束时辅以手部下劈动作，以示对某个观点的强调，或者以摊开手掌的动作表达坦率和诚意。表达性姿态可以强化语言沟通的效果，巩固双方的共同利益。

借助点头、微笑和重点关注（此时要身子前倾，略微扬头，似乎在全神贯注地听讲），你可以鼓励潜在的朋友继续发言（并因此增加他/她对你的好感）。请注意，非语言姿态也能表现不适应、不喜欢或不感兴趣。

8. 适当点头

点头这种方式可以向发言人释放信号，表明我们在听他讲话，所以他尽可继续。点一次头是在告知发言人可以继续讲话。点两次头是告知发言人加快讲话节奏。多次点头或者单次缓慢点头往往导致发言人中断讲话。频繁点头可以加快回应的速度。快速点头所释放的非语言信号是催促发言人尽快反应，通常是因为听讲者希望插话或者不感兴趣。不恰当的快速点头会被视为粗鲁的行为，或者试图主导谈话。这种行为使听讲者的注意力不再集中到发言人身上，而将焦点转向听讲者本身，这显然违反了“友谊黄金法则”，我们将在下一章再做讨论。如果运用得当，点头这种方式能让发言人以令人满意的方式充分表达自己的观点。如果你能适当地运用点头方法，你将被视为好听众，并得到积极的对待。

9. 口头助兴

口头助兴是比点头更进一步的行为，旨在鼓励发言人继续讲话。口头助兴包括“我知道了”“接着讲”等“发言确认标签”，以及“嗯”“哦”等填充词。口头助兴能让讲话者明白，你不仅在倾听，还在以口头确认的形式证实讲话者的信息。

10. 会议中不要接听电话

不要分散注意力，以免你被迫中断专注的听讲。你要释放“讲话内容对你很重要”的信号。如果你撇下讲话者去接听电话，释放“讲话内容对你很重要”的信号将无从谈起。如果你的手机在谈话过程中响起，尽量不去接听。不知出于什么原因，大多数人都觉得很有必要接听电话。你的手机铃声响起，并不意味着你有义务接听。紧急电话毕竟很少。如果对方没有留言，显然就是非紧急电话；如果有留言，你可以在谈话结束后花几分钟时间再打回去。即使在当今这个科技高度发达的世界里，在谈话过程中发短信和接听电话也都是无礼的行为。

处理呼入电话的最佳方式，是从口袋或手包里取出手机，将来电转至语音信箱，再把手机放回口袋或手包里，然后继续专心听讲。这种行为是有意地向讲话者释放他/她更加重要、值得你一心一意关注的信号。此外，你可以给讲话者留下积极印象，方便达成你想建立的关系。

敌意信号

你可能还记得，本章一开始提到萤火虫能发光，以此作为吸引异性成员的友好信号，或者作为躲避潜在掠食者的敌意信号。我们每个人都是如此。我们有能力向周围的人传递友好或敌意信号。当然，在一本关于交友的书里，读者会希望作者重点讲述如何释放友好信号，以及如何避免释放促使对方将你视为敌人的非语言信号。问题在于（作为被发现带有“城市怒容”的学生），我们往往意识不到自己在释放敌意信号，而这往往是因为我们不了解何为敌意信号。一旦你的目标是让陌生人以积极的方式看待你（无论是一次性交往，还是持久友谊），你就会希望采用“萤火虫”战术（非语言信号）来表明自己的意图，促使目标人物喜欢你。因此，敌意信号就是你不想在尝试与陌生人交往时释放或看到的非语言信号。

如果你在交友方面有麻烦，你或许要研究你的姿态和面部表情，看自己是否在无意中成了以下某种/所有非语言行为的传达者。

1. 直视

只要直视时间不超过一秒钟，配合其他友好信号的眼神接触就能对双方产生积极的影响。如前所述，持续时间超过一秒钟的直视往往被视为冒犯，对方会将这种非语言沟通行为转变为敌意信号。人类大脑会将其感知为具有掠夺性质的行为，并向对方发出“举起盾牌”的警告。

2. 非礼貌扫视

扫视是指从头到脚的全面凝视。作为一种非语言姿态，扫视在初步建立的关系中会令人极其不快。这种凝视被视为入侵，因为凝视者尚未获得侵入个人空间的权力，从而可能导致被凝视者感到身心受到了侵犯。用眼睛侵入个人空间会被视为冒犯，其严重程度有时甚至超过对个人物理空间的侵犯。在某些情况下，这种行为还会被看作具有威胁性和攻击性，从而引发被凝视者的防御反应。与此相反，双方存在亲密、稳固的关系则会接受从头到脚的打量，甚至会把它当作赞许。

3. 对男友的全身扫描

让大家极其郁闷却又不得不忍受的全身扫描成了世界各地机场的必检项目，而人们很久之前就在以“扫视”的形式进行全身扫描，旨在打量兴趣对象。我习惯在女儿的男朋友现身时动用全身扫描的方式。我会打开门，深深地凝望他的眼睛，非常缓慢地将其从头到脚全方位地扫描一遍。我会在自我介绍完毕时严肃地提问:“你想干什么？”年轻人会结结巴巴地找话作答。然后，我就知道自己的信息已经被明白无误地接收了。这种非语言信息比我能够发出的任何口头威胁都有效果。

4.酒吧识人术

我曾在FBI生涯的后期培训卧底探员，教他们如何避免在执行任务时被发现。注视是能够暴露卧底探员身份的非语言线索。如前所述，人们必须得到授权，才能以物理方式或借助眼神进入你的个人空间。鉴于警察的权威性，他们能以超越普通人的权限察看现场，并盘问相关人员。你等红灯时紧挨过一辆警车吗？你或许会趁机偷窥一下警车。如果警察恰好转过身来看到了你的直视动作，你要迅速中断眼神接触，重新朝前看路。与此相反的做法则是不妥的。如果警察打量你的车，而你看到了他的直视动作，他不会中断眼神接触，而是继续察看。你可能会迅速中断眼神接触，希望他不要找理由拦下你。警察的权威让他有权察看你本人和你的车；而你要是也这么做的话，就是冒险了。

随意打量禁区的做法，是暴露卧底探员的最常见的非语言“标签”之一。例如，一名卧底探员奉命潜入一个有已知毒贩光顾的酒吧，去和他们交朋友、买毒品。当这位卧底探员第一次走进酒吧时，会习惯性地稍做停顿，慢慢扫视整个房间，寻找可能存在的威胁，然后走向吧台点一杯饮品。鉴于其身为执法人员的权威性，这位卧底探员很自然地用眼睛（建立直接的眼神接触）侵入了别人的空间。问题在于，一般人不会在初次踏进某个酒吧时这么做，尤其是在这样一个诡异的地方。人们初次进入某个酒吧时，通常会直接走到吧台或餐桌前坐下，不会与任何人建立直接的眼神接触。一旦他们就座，一杯酒水在手，才会偷偷地打量酒吧里的情况。相反，经常光顾酒吧的人有权侵入个人空间，也会一进入酒吧就四下搜寻他们的朋友。这种非语言标签尽管微妙，但很容易被罪犯捕捉——由于害怕被抓，他们很擅长识人术。

5. 翻白眼

对着别人翻白眼是一种阻止进一步互动的敌意信号。这个动作表达的信息是，你认为对方很愚蠢，或者对方的行为不妥。例如，你发现一群人中有人在胡说八道，你可以翻白眼作为回应。如果发表意见的人看到你的动作，就很容易在以后的所有互动中给予你负面回应。这取决于你们之间的关系是陌生还是熟悉。

翻白眼

开会时观察翻白眼是一种可以消磨时间的娱乐方式，还能了解人们在特定问题上的立场。当不认同某个意见或建议时，人们往往会趁提出意见或建议的人转身或者看笔记时翻白眼。通过捕捉这种非语言信号，你能够确定谁不认同发言内容。

如果发现有人在你发言时翻白眼，你要重点关注此人，努力让对方相信你的观点有可取之处。切记：你不必浪费时间去说服那些附和者——他们已经点头赞许、身体前倾，并面带微笑了。

6.眯眼

这种敌意信号的力度不如其他敌意线索，不过仍能产生人际关系方面的寒蝉效应。如果出于畏光等原因而眯眼，就有可能被误解。

7.皱眉

这是另一种常见的敌意信号，前提是某个人并非因为处于注意力高度集中状态而皱眉。这种非语言线索往往与不认同、不确定或者愤怒有关。

8.表情紧张

腭肌紧缩，眼睛眯起，眉头紧锁，这是能从一定距离外看到的一组非语言敌意信号，也是向你提示正在接近的人有可能构成威胁的预警指标。表现出敌意信号会给有益的沟通制造困难，尤其是在建立新关系时。表情紧张很容易让人产生误解，因为人们往往会把工作或家庭生活中的紧张情绪带到社交场合，引起新朋友甚至老朋友的注意，进而引起不必要的戒备和惶惑。

9.努鼻

努鼻动作和其他敌意信号一样，有可能导致观察方以消极的态度对待你，而且不情愿接受你传达给他们的任何信息。

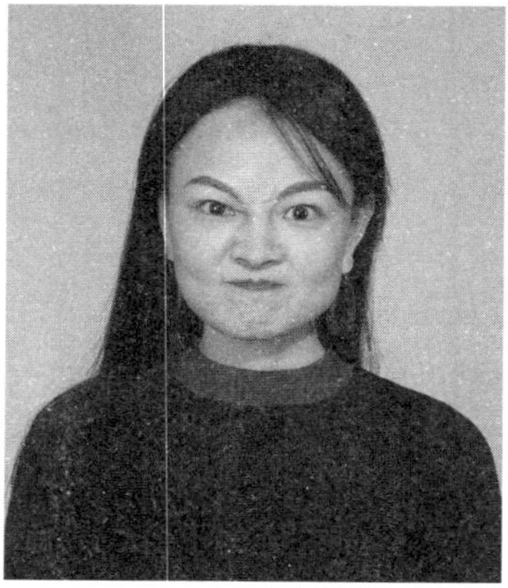

努鼻

攻击信号

双手叉腰（手按在臀部上）的姿势传递的是一种敌意信号。这种姿势能使人体的重心下移，通常在准备开战时采用。你在试图展示主导地位时，可以双手叉腰，为自己制造声势。

有意发起进攻的人会传递非语言信号，如攥紧拳头，坐实下盘。在作战准备过程中，这种姿势能使身体的重心下移。双手叉腰（手按臀部）的姿势可以显示主导性。在通常情况下，发怒之人的鼻孔会“暴起”（扩张），意在增加氧气摄入。他们还有可能释放其他愤怒信号，如面红耳赤等。显然，这些敌意信号会让忙于扫描的大脑警惕潜在危险，做好准备接收这些攻击信号，从而做出“或战或退”的反应，很难说这是一种积极关系的前奏。

攻击性姿态

侮辱性姿态

许多姿态会冒犯别人，不利于双方发展良好的关系。其中一些几乎是公认的侮辱性姿态，比如竖中指。任何有意与他人建立积极互动关系的人都不可能表现这种姿态。问题在于，在某种文化背景下属于

“无害”的姿态，在其他文化背景下可能具有高度攻击性。同样的话在不同的文化背景下会有不同的意义，非语言沟通也是如此。如果你注意到有人出于不“明确”的原因对你做出消极回应，你或许需要思考：自己刚才的某种姿态是否被当成了冒犯之举。

衣服和配饰的信号

“萝卜白菜，各有所爱”适用于这个特定的敌意信号（或者信号组合）。例如，如果你高调地穿着带有骷髅图案的皮夹克，手臂上有大量文身，还戴着长钉项链，不了解你的人很有可能会认为你绝对不能惹。从这个意义上说，你的外表就是一个敌意信号。反之，如果你碰巧出现在死亡金属演奏会上，同样的穿戴则会被看作一种值得关注的友好信号。因此，你需要运用常识，判断你的穿戴方式会被你有意接近的人视为友好信号还是敌意信号。仅仅是别人和你穿着有异，并不能说明你的外表就必然令人“扫兴”，但穿着方式明显不同的人们进行互动时，应该考虑到“物以类聚，人以群分”这句格言。

关于以貌取人，我儿子布拉德利曾经无意间给了我一个宝贵教训。他在高中阶段曾经很在意男性时尚装扮，把通过课外兼职赚到的每一分钱都用来购买衣服和配饰。

有一天，我陪着儿子布拉德利去商场买钱包。他看好了一家服装专卖店里一款最贵的钱包，花了 150 美元买了下来。我非常震惊。我掏出自己的三折钱包提醒他说，我的钱包含税价也才 20 美元左右。“不，爸爸，”他回答说，“细节决定成败。你可穿着价格不菲的衣服和鞋子，但如果你掏出一个20美元的三折钱包，别人就能看出你是在‘撑排场’。”我的儿子最终度过了那个阶段，重新穿回了褪色的牛仔裤和运动衫，但我仍然牢记着他带给我的启发。

我从此更加关注细节。我开始观察衬衫面料的针数。每英寸[①]的针脚越多，就说明衬衫的质量越好。高档衬衫一般会缝有直径为4毫米的纽扣。如果一个人穿着考究，却戴着一块廉价的手表，那他就是在硬撑门面。不给鞋子擦油是撑门面的另一个标志。参与认知管理的人往往会忽视细节，而细节可以暴露一个人的本质。

比如，这里有一个关于“蒙面人”的故事，我们从中可以看出穿戴细节释放的信号有多强大。人们通常会出于医疗环境的需要而佩戴面罩，但面罩（尤其是遮掩使用者嘴部和鼻部的“手术”面罩）实际上传递的是一种敌意信号，即使人们本来可能并无敌意。

蒙面人释放的敌意信号非常强大，我认识的一个人就是利用这种方法，在以拥挤著称的纽约市区通勤列车上为自己扩大地盘的。他的“作案”手法是坐在靠窗一侧且过道位置没人的座位上。然后，当有人接近空座位时，他就转过头来，将蒙着口鼻的样子展示给这个人。很多时候，这个位置都会空着，直到车厢里的其他座位都被坐满。

他并没有就此罢手。如果有人坐到他旁边，他就开始假装抽搐，并低声咕哝。这样做通常足以赶走新来的邻座。如果这个方法没有奏效，他会把手伸进衣兜，掏出一个药瓶，取出一粒药丸，再掀起面罩，把药丸丢进嘴里。面对这样的情形，几乎没人可以安之若素，

① 1英寸为2.54厘米。——编者注

仍旧坐着不动。

事实证明，造孽不长久，好运有其时。在一次旅途中，蒙面人抬头望着从过道那头走来的一名男子，他在座位上挪动了一下身子，以确保陌生人能看到他面部戴着的手术口罩，然后转回头看着窗外。片刻之后，他瞥见陌生人坐到了旁边，于是他开始假装抽搐，并低声咕哝着。最后，蒙面乘客掏出了他屡试不爽的药瓶，照例吞了一粒药，但坐在他旁边的那个人却仍然纹丝不动。

蒙面人不相信自己的诡计会失败。他转过头来，想知道旁边坐着的究竟是何等高人，竟然能在如此凶险的环境中泰然处之。他之前看到的邻座现在也带着面罩，也在假装抽搐着，手里也握着一个处方药瓶！对于他来说，看到这些就足够了。蒙面人毫不犹豫地从自己的靠窗座位上站起来，沿着过道走进了下一节车厢。

入侵个人空间

人们管理自己周遭空间的方式，即他们管理自己和他人之间距离的方式似乎是明确一致的。“属地性”是这种空间管制的一个术语，而属地禁令则是由人类和其他动物来执行的。属地性的基本原则是，许多物种希望并试图为自己保留一定范围和质量的空间。如果你认为属地禁令并不存在，就去乘坐除了你只有一名乘客的巴士或地铁，挨着他坐吧。在某些情况下，人们会容忍对其个人空间的入侵，但前提条件是，这种入侵只能发生在拥挤的电梯里或者体育赛事上摩肩接踵时。

“入侵”他人的属地——无论是通过入侵式的眼神接触，还是通过真实的身体贴近——传递的是一种强烈的敌意信号。

初见陌生人时使用友好信号的目的，是鼓励对方允许你进入其属地，而不必感到受到了威胁，或者遭到了围攻。如果你见到的人认定你很友好，他们就会更乐意让你进入他们的私人空间。

属地边界当然是无形的，而且不同人群和不同文化之间的属地边界也会有所不同。例如，曾被虐待的人通常要有更大的个人空间，以保护自己不受到任何威胁。同样地，曾经受到情感伤害的人或许会对进入自己个人空间的人保持高度警惕，因为害怕再次受到伤害。在极端情况下，遭受人身虐待和/或情感伤害的人会在自己周围筑起牢不可破的铜墙铁壁，旨在保护自身，避免身心受到进一步的伤害。

属地边界还会受到人们居住地点的影响。人们在近距离地居住在一起的社会里，会出于需要，确立较小规模的个人边界。相反，习惯处于开阔空间的人会营造较大规模的个人空间。心理健康情况也可以影响个人空间。“大学炸弹客”泰德·卡辛斯基居住在蒙大拿州一个孤立的小屋里。他将小屋半英里[①]范围内的任何闯入者都视为威胁，并准备采取措施抵御那些侵入其个人空间的人。

鉴于人们对属地和个人空间的理解存在很大差异，当你试图与自己不了解的人交朋友时，一定要把这一点考虑在内。释放友好信号，然后接收对方回馈的喜爱信号，谨慎地接近对方，同时观察他们的身体语言。如果对方表现出紧张迹象或是负面反应，比如退后或是不予认同的面部表情，你应该停止向前，不再接近对方，直到对方向你发

① 1 英里约为 1.6 千米。——编者注

出已经做好准备的语言或非语言信号。

人们倾向于缓慢地让出个人属地，尤其是在停车位的问题上。你在一个拥挤的停车场兜了好几圈寻找车位，终于看到有人要离开，你立即打起转向灯，表明那是你的地盘。你实际上是想让别的车主退后，因为这是你的车位。现在，等待游戏开始了。那个准备驶出车位的司机不停地摆弄安装在仪表盘上的各种小玩意儿，煞费苦心地长时间调整安全带和后视镜。你会问自己：“开车出去至于花这么长时间吗？”答案是：他们是自己空间的主人，除非他们乐意并且准备完毕，否则是不会把停车位拱手相让的。有趣的是，如果没有别人等着把车停进车位，人们反而会更快地离开。

宠物为属地行为提供了有趣的例证，尤其是狗。比如，有两个人初次到某位朋友家里，一个是狂热的爱狗人士，另一个却讨厌狗。爱狗人士立即把注意力集中到狗的身上，他直接和狗对视，还弯下腰轻轻地抚摸它。让爱狗人士感到惊讶的是，这条狗龇着牙发出了低吼声。与此相反，讨厌狗的那个人竭力避免自己与狗的身体和视线接触。但令他感到懊恼的是，这条狗走到他身边嗅来嗅去，急切地寻求他的注意。

狗对这二人的反应似乎有违直觉，但从属地角度来看还是很有道理的。爱狗人士的趋近行为侵犯了狗的物理空间，蹲到地上直视它的眼睛则是对狗的进一步挑衅。狗和人类都把直视当作威胁（敌意信号）姿态。这条狗认为爱狗人士的存在是一种威胁或者潜在威胁，于是它表现出了攻击性，以便保护自己的属地。随着彼此越来越熟悉，爱狗人士最终会被狗接纳。相反，讨厌狗的人忽略了这个动物的存在，从而未对其构成属地威胁。如果不存在某种实际或潜在威胁，狗就会对陌生人好奇。为了努力满足自己天生的好奇心（与让弗拉基米尔对我开口、让“海鸥”对FBI特工产生兴趣的“圈套”类似），这条狗就会去接近那个讨厌狗的人。

不失礼貌地加入谈话

现在，你已经具备了应用友好和敌意信号的相关知识，也知道了在与你希望接近或回避的陌生人打交道时需要释放什么信号，寻找什么信号——或许你还在镜子前练习过传递你的非语言信号。在你真正开始与人交谈之前，还有一件事情要考虑，即必须学会应对你的关注对象并非单独行动，而是正在与人互动的情形。你应该如何打断他们之间的互动，然后开始与之对话呢？你应该何时开始这么做呢？

有时，你会无法回答这些问题。例如，在人们围桌就座或到处走动的业务会议或者社交活动中，无缝接入他人正在进行的谈话是很困难的。不过，如果更多的人站在一起进行互动的话，你就可以借助他们的脚部姿势判断此刻是否为接近这个群体的最佳时机，或者判断此刻延迟与之接触是不是一个更好的主意。对方脚部的姿势能够提供线索，显示哪个群体愿意接纳新成员，哪个群体不情愿或者不愿意接纳。

当一群人围成一个半圆，他们的脚部指向半圆的开口一侧时，这表明他们愿意接纳新成员。如果一群人围成一个封闭的圈子，则表明他们不愿意接纳新成员参与他们的聚会。

如果你看到两个人面对面站着——两个人的脚部都对着彼

此——他们传递的信息是，谈话内容属于个人隐私，你应该躲得远远的。他们绝对不希望被外人打扰。与此相反，如果两个人面对面站着，但脚部却斜指着对方，这就留出了一个“开放空间”，传递的信息是他们愿意接纳新成员参与其中。

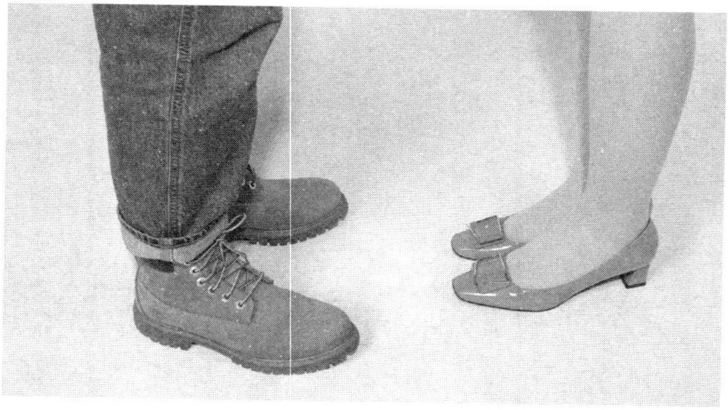

脚部传达的是正在进行私密谈话的信息

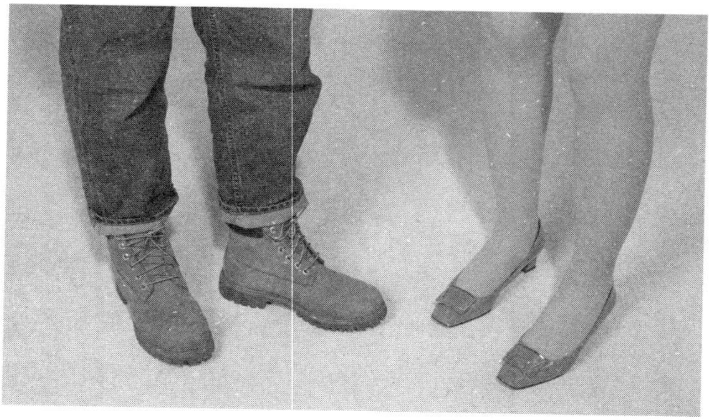

脚部斜指意在邀请他人加入谈话

当三个人彼此相向，脚部指向内侧，构成一个封闭的圆圈时，他们是在以非语言方式表达自己不愿意接纳新成员。

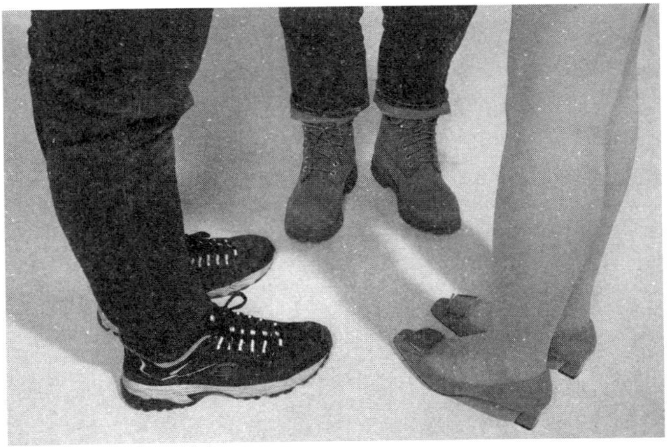

封闭式谈话

与此相反，当三个人彼此相向，呈现一个较大的圆圈和开放空间时，他们释放的信号则是愿意让别人加入。

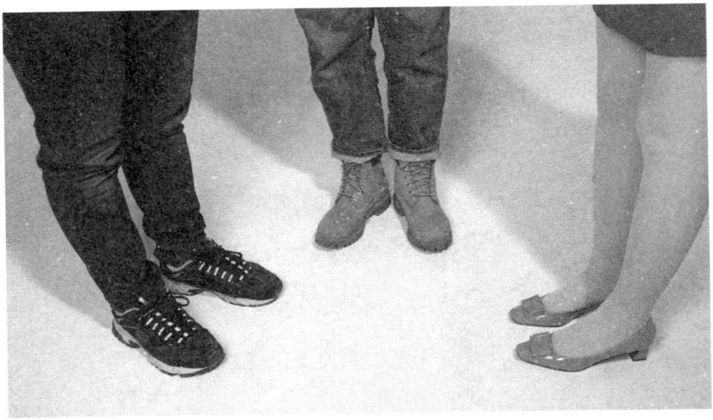

这群人站立时脚部围成开放空间，释放的信号是他们愿意接纳新人

你的任务是确认哪些群体对新成员开放，然后设法接近他们。在接近之前或接近过程中，要果断地走向对方，同时释放友好信号。切记：我们的大脑正在持续扫描环境中的友好或敌意线索。如果你释放的是敌意信号，你正在接近的群体成员就会防备这一潜在威胁，敌视你的侵入。如果这些人看到你做出挑眉、点头和微笑的动作，就会把这些友好信号解读为积极的表示，从而更有可能欢迎你加入他们的聚会。

一旦你接近选定的群体，只管充满自信地踏入空余位置。自信的人比不自信的人更招人喜欢。即使你不够自信，也要尽量假装自信。自信和傲慢之间只有一线之隔。不要越界！

当你进入一度空余的位置时，首先要倾听谈话主题，稍做停顿之后再开口讲话。在听讲过程中，你应该略微点头。点头动作所释放的信号是认可并关注他人的谈话内容，以及你很自信，而不是傲慢。傲慢的人往往不是好听众。这个群体可能愿意接纳新成员，但没有谁会喜欢一个粗鲁地打断别人谈话的新人。一旦谈话过程中出现了自然停顿，就是在提示你可以做自我介绍，或者加入你一直在倾听的谈话。

努力寻找你与群体其他成员的共同点。寻找共同点（相似的兴趣、背景、职业等）是建立融洽关系和加速交友进程的最快捷的途径。有关迅速建立融洽关系的技巧，将在后面的章节中详细讨论。如果你正在参加贸易展览或者会议，你会瞬间发现与其他群体成员的共同点，因为所有与会者都有共同的兴趣，否则他们根本不会聚到一起。

如果共同点不易寻找，你可以默认音乐话题为共同点。几乎所有人都喜欢音乐。即使不喜欢同样的音乐，音乐流派之间的相似和区别之处也能推动气氛活跃、无争议的谈话。不要试图讨论有可能引发激烈情绪和潜在冲突的话题，因为这样会制造分裂，与培养友谊萌芽的初衷相背。

当你在此后的活动中再见到这些人时，一定要直呼其名，这对于他们来说很重要。有多重要？戴尔·卡耐基有言："请记住，一个人的名字对于他来说是所有语言中最甜美、最重要的发音。"人们喜欢被铭记。记住一个人的名字是对对方价值的认可和肯定，并能体现你的关切。被铭记就是被珍惜。

你在遇到你此前见过的人时，可以采用桥背式对话。这是指你可以将之前的某些讨论内容用于之后的交谈。桥背式对话可以涉及之前的交谈中所独有的观点、玩笑、姿态等。采用桥背式对话可以释放微妙的信号，表明你并非此人朋友圈里的新人，而是志趣相投的熟人。桥背式对话还允许你重续在上次对话结束时中断的友谊建设进程，也允许你继续推动友谊建设，而不必从头再来。

足部行为线索

如果你看到一个人独自站着，他/她的脚指向出口，准备离开但尚未起步，此时就是一个良机。这为你接近此人开了一个头。你可以一边接近他，一边释放友好信号，然后发表一个移情表述（在下一章中讨论），比如："哦，我看你正准备离开。"或者："哦，你觉得这个聚会挺无聊的吧。"

你可以采用这种表述，因为你只是在描述你观察到的客观现象，这一现象反映了此人的内心感受。或者你可以迎上去简单地聊聊："嘿，我发现你今天是一个人来的。你觉得这个地方（活动）怎么样？"此人有望回答你的询问，而你可以利用这次回应继续交谈，看看形势将如何发展。

非语言信号的刻意练习

你结识的对象是朋友还是敌人，其实在初次接触（通常是视线接触）时就已决定了。本章侧重于我们向他人释放的非语言信号，以及这些信号对个人关系造成的影响。人们通常是先看到我们，然后才会倾听我们的谈话，因此，我们的非语言信号就像电影的"预告片"一样，能让观众提前关注他们期待的看点，帮助他们决定是否值得投入时间继续互动，或者干脆回避。

如果你能有效地使用友好信号，就能为以后的成功互动创造条件。在获得对方关注的同时，鼓励他们以积极的方式看待你，是结交朋友关键的第一步，但你必须多加小心，不要沐浴在聚光灯下。有意地释放友好（或敌意）信号需要练习。人们在潜意识里是很擅长传递这些非语言沟通信号的。不过，既然你已经了解并熟知了这些信号，你就应该试着留意别人是如何释放或者接收这些信号的，还要时不时地亲自实践如何向别人释放信号。

为了对你本能地释放轻松且真诚的信号进行有意识的模拟，你必须克服聚光灯效应。聚光灯效应会在你暗自行事时被触发，因为你在有意地影响他人的行为，你认为每个人都明白你在做什么。但这却会让你的行为看起来不那么自然和妥当，使你不能以令人信服的方式采取行动。最终的结果是，你的行为不可信，也不会有人相信。

有关行为聚光灯效应的一个例子与说谎者有关。说谎者认为他的说谎对象能识破谎言，即便说谎对象对骗局一无所知。这导致说谎者欲盖弥彰地释放语言和非语言线索，从而使谎言接收人识破骗局，或者至少对说谎者所说的话产生怀疑。

当你第一次尝试有意识地释放友好信号时，同样的事情也会发生。你一生都在成功地释放此类信号，然而，当你最初几次接近别人，有意识地尝试倾斜头部并做出挑眉动作时，你会感觉到他们对于你不善社交的状态心知肚明。这就是聚光灯效应在发挥作用。这导致你头部倾斜和眉毛挑动的行为变得很笨拙并使你的意图昭然若揭，让你沦为自证预言的受害人……和失败的尝试交友者。如果你想避免聚光灯效应，你首先要意识到它的存在。

现在，你应该心知肚明了。

步步为营

在FBI的职业生涯中，我参加过许多会议和聚会。有一次，我和行为分析项目组的同事一起参加会前“交友派对”。聚会很无聊，我和我的朋友索性玩起了“非语言赛跑”的游戏。

游戏的规则是这样的：每个人各选一位到门的距离相等的派对常客。游戏的目的是看谁能让自己选定的目标在不知不觉中越过门槛。我们刚开始是在选定目标的一个可接受的物理距离内交流。鉴于人们会下意识地与谈话对象保持一段舒适距离，我们没法在选定目标察觉不到的情况下进一步接近他们。由于我们与目标之间的距离缩小了，他们会下意识地后退，以保护自己的私人空间。

我们不断地重复这个动作，直到我们选定的目标越过门槛。第一个完成任务的人宣布获胜。有一次，我使自己选定的目标退到了酒店大堂里，而他丝毫没有察觉。当他意识到自己已经退到酒店大堂时，他喊道："我们怎么会在这儿？"我只是笑笑，耸了耸肩。

成功模拟友好（或敌意）信号的第一步，是观察别人如何自然地传递这些信号，同时观察你自己传递的信号。在模拟传递友好信号时，你要努力找到你在发现自己自动释放这些非语言沟通信号时的那种感觉。

磨炼这种技能的好去处是街上、商场里和其他公共场所。当有人接近你时，将你的头稍稍倾斜一点，并面带微笑地与对方进行眼神接触。同时，你要观察对方的反应。如果对方以微笑和挑眉作为回应，就说明你成功地传递了友好信号。如果有人不解地看着你，或者流露出"走开，你这讨厌鬼"的表情，你要么是选择了一个暴脾气目标，要么需要加强练习。随着时间的推移，你应该发现人们对你友好信号做出的回应有所改善。此外，只要多练习，你就无须刻意考虑如何释放信号了，也不用考虑你的表现如何，释放信号将变成一种自觉行为。

若想获取新技能，或者让固有的技能"在聚光灯下"显得更加可信，你就需要进行大量的练习。在努力改善自我表现的过程中，你会出于各种原因而感到心灰意冷，甚至选择放弃，包括陷入尴尬的境地、未能及时掌握新技能，以及遭遇挫折。这些都很正常。科学家们在研究人们学习技能的方式时发现，许多新手都曾在学习初期经历一个“自由落体”阶段。在此期间，人们会对运用新技能感到不适，并会在新技能未能像宣传的那样有效时感到沮丧或者尴尬。他们不会再练习这些技能，而是选择放弃。

难道你也这样？你要撑过这个自由落体阶段，坚信只要投入时间和精力，你就能掌握相关技能。为了学到新技能，遭遇一点儿挫折和尴尬也是值得的，因为成功建立关系取得的理想效果将会回报你所付出的努力。

这能让你轻松做到面带微笑，无论是有意识的还是下意识的！

犯错是人之常情

在我讲课的开始阶段，我会有意地犯一些不至于抹杀我可信度的小错误，比如念错一个字，或者在白板上拼错一个词。听众会立即纠正我的小失误。我会带着一丝尴尬欣然接受指正，并表扬听众认真参与。

这一技巧可以实现多个目标。第一，提出指正意见的听众会获得很好的自我感觉，这可以营造出融洽和友好的气氛。第二，听众更有可能在讲课过程中自发互动，不惧怕在导师面前出丑。他们的考虑是，即使出错也没什么，因为连导师自己都会出错。第三，小失误让我看起来更真实。人们喜欢的讲课人应该是课题专家，同时他的人文素质要和研讨会参与者类似（相似性法则，将在第5章讨论）。

浪漫关系

戴着耳机在手机键盘上打字会妨碍你释放或者接收友好信号，而缺乏与他人互动会减少你提高社交技能、观察并向别人学习的机会。

向别人学习甚至不需要投入太多精力。你要做的只是找一家餐馆去观察别人。人们很乐意在用餐或者喝酒时交谈。看你能否通过观察邻桌夫妇的非语言信号，判断出他们的关系状况和关系强度。

当两个人走进餐馆时，你可以通过观察他们的非语言行为分辨出他们是否为一对情侣。拉手是一种带有浪漫情趣的信号。情侣手拉手但手指互不交错，表明其关系不如十指相扣的情侣那么亲密。情侣在餐桌或餐台就座后，通常会发生以下一系列行为：（1）餐桌摆饰、菜单牌或调味品架被挪到桌子一侧；（2）情侣互相挑眉；（3）情侣长久对视，超过打量陌生人的时间；（4）他们微笑；（5）他们向一侧或另一侧歪头；（6）他们向对方倾身；（7）他们模仿对方的姿势；（8）他们拉着手；（9）他们在沟通时姿态比较随意；（10）他们会耳语，或者压低声音，向别人表明谈话是私密的，入侵者不受欢迎；（11）他们会分享食物。这些行为的发生顺序或许和上面所列不完全相符，也有可能因侍者的到来而中断，但你总能在用餐过程中的某些时段部分或全部观察到这些非语言线索。

破裂关系

紧张关系是显而易见的，因为在良好关系中常见的非语言线索会有所缺失。例如，情侣不会对视，他们的微笑很牵强；头部直立，并不歪斜；他们的眼睛扫视餐馆，寻找其他刺激；他们不模仿彼此的姿势；他们的身体不倾向对方，事实上，他们通常身体向后倾斜，远离对方。

表明情侣一方对另一方有意而另一方对此不以为然的非语言系列信号不难发现。有意的一方会悉数展现在前述浪漫关系中出现的非语言线索，然而，另一方展现的却是消极的非语言线索（敌意信号）。

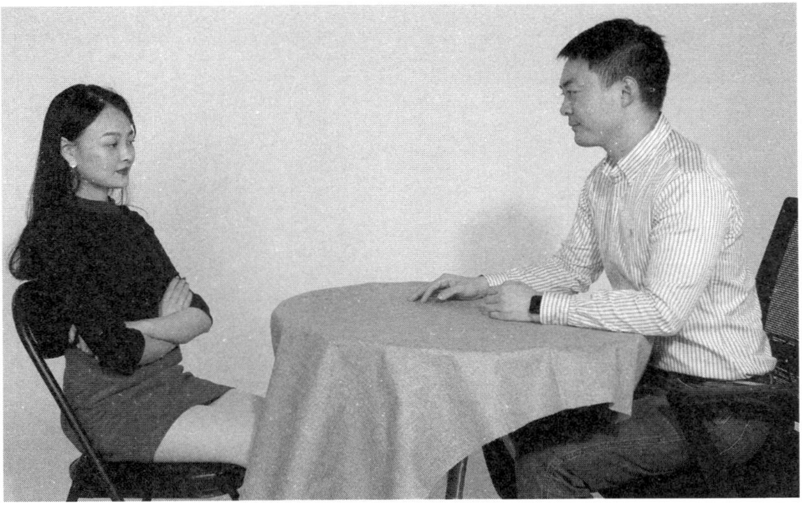

男人正在展现表明兴趣的非语言线索，而女人却没有

善于观察

共同生活很多年的夫妇所展现的非语言线索，往往会释放关系糟糕或破碎的信号，但并非总是如此。长期互相陪伴的人会确信对方的忠诚。他们不需要不断的提醒。彼此相伴让他们感到放松和舒适，不必担心遭遇背叛或者抛弃。观察处于这种关系的夫妇如何互动是一种很奇妙的体验。

这种观察与评估关系可以和谈生意的商人或者只是外出吃便饭或喝酒的朋友共同完成。观察人群的意义在于它能提高你的观察技能，让你深入了解人们的自然互动方式，并增强你准确解读观察现象的能力。只要你进行充分的练习，你在评估人类行为方面的观察力和技能就会变成自觉反应，从而让你成为更有效的沟通者。

3. 运用“首因效应”

真诚关注别人的人和试图吸引别人关注的人相比，前者在两个月内交到的朋友可以超过后者在两年内交到的朋友。

——戴尔·卡耐基

你在前面的章节里学到的非语言友好信号，旨在为启动与他人的积极关系创造条件。它们的功能就像小丑，其暖场表演的目的是让观众在大牌演员出场之前保持适当的情绪。如果应用得当，只要你接近你的关注对象并与之对话，这些信号将促使他们和你互动。因此，我们假设你要与他人接触了，而现在就到了你和他们的“关键时刻”。

让你在“关键时刻”获得成功

许多年前，商人让·卡尔森被苦苦挣扎的北欧航空公司（SAS）任命为CEO（首席执行官），担负起了实现盈利的艰巨任务。他以惊人的速度实现了这个目标，以至于他的壮举成为强调业务转型的管理案例和管理文献的关注焦点。

他是如何取得这种成就的？授权一线员工现场解决客户服务问题，而无须先经上级核查。这极大地提升了客户满意度、员工士气和企业盈利水平，实现了所有参与方共赢的局面。

就本书而言，卡尔森的理念和经营策略的有趣之处是，他强调了两个人之间接触点的重要性。事实上，他称之为“关键时刻”，因为正是这些时刻塑造了客户对公司的看法，并帮客户确定是否要购买SAS的服务。卡尔森指出："去年，我们1 000万位客户中的每一位都接触过大约5名SAS员工，这5 000万个'关键时刻'，是最终决定SAS作为一家公司成功与否的时刻，是我们必须向客户证明SAS是其最佳选择的时刻。"

你初次遇到某人的那一刻，显然是决定你们能否建立友好关系的关键时刻。对方会把你当作朋友对待，还是当作敌人回避？"友谊黄金法则"——让对方感到舒心，他们就会喜欢上你——可以成为对方将你归类的决定性因素。

和本书随后要介绍的某些技巧（它们仅在你寻求长期关系而不是简单或偶尔互动时具有相关性）不同，"友谊黄金法则"是所有成功关系的关键，无论你要建立的是短期、中期，还是长期关系。

不要低估这条法则在结交朋友时的力量和意义。作为一个FBI特工，我必须会见来自各个社会阶层的人，说服他们提供敏感信息，变身间谍或者坦白各种罪行。顺利完成这些艰巨任务的关键，是我能让对方喜欢我、信任我，甚至在许多情况下以命相托。

致力于让别人喜欢自己的新特工所面临的最艰巨的任务，就是培养此项关键技能。特工们经常请我教他们这些技巧，以便让别人立即喜欢上他们，而我总是给他们这样的指导：让对方感到舒心，他们就会喜欢上你。你必须把注意力放在你要结交的人身上。这听起来容易，但即便是训练有素的特工，也需要专门训练。如果你让别人获得了良好的自我感觉，他们就会为此感激你。人们会被给他们带来快乐的人吸引，而往往会回避令他们感到痛苦或不适的人。

如果你每次遇到别人时，都能令其获得良好的自我感觉，他们就会寻找一切机会和你重逢，以便再次体验同样的良好感觉。在实现这个目标的过程中，许多同事会遇到我们都遭遇过的绊脚石：我们的自我意识。人的自我意识妨碍了“友谊黄金法则”的执行。大多数人都认为地球是围绕自己旋转的，自己应该成为重点关注对象。但是，如果你想对别人来说显得友好和有吸引力，就必须放弃你的自我意识，去关注对方，关注他们的需求和状况。一旦你让他们（不是你）成为重点关注对象，他们就会喜欢上你。

想想看：我们很少应用这条强大的法则去增强我们对他人的吸引力，并让他们获得良好的自我感觉，这是一种不幸。我们都忙于关注自身，而不是我们见到的人。我们优先考虑自身而不是他人的欲望和需求。具有讽刺意味的是，如果对方喜欢你，他们反而会急于满足你的欲望和需求。

让别人喜欢上你

移情表述是指将谈话焦点放在你的谈话对象而不是你本人身上。这是让别人获得良好自我感觉的有效的方式之一。持续关注对方是很难的，因为我们从本质上来说是以自我为中心的，认为地球是围绕自己旋转的。尽管如此，如果你每次谈话都能令对方获得良好的自我感觉，你就能成功实现“友谊黄金法则”的目标，从而让对方喜欢上你。

“你今天好像过得不太好”“你今天看起来很高兴”等移情表述，能让对方明白有人不仅在倾听他们，还在某种程度上关心他们是否幸福。这种关注能让我们获得良好的自我感觉，更重要的是，能促使我们喜欢关注我们的人。

移情表述还能叫停谈话周期。人们发言时会希望得到反馈，借以了解他们的信息是否已被接收和理解。使用并行语言反馈对方的谈话内容，可以结束这个沟通周期。一旦成功地传达某个信息，人们就会获得良好的自我感觉。

组织移情表述需要你认真倾听对方讲话。全神贯注地倾听对方讲话，能够证明你真正关注发言人，也理解他们的谈话内容。

组织移情表述的基本公式是"那么你……"。有许多方法可以组织移情表述，但这个基本公式能让你养成良好的习惯，从而将谈话焦点放在对方而不是你本人身上。简单的移情表述可能包括"那么你觉得今天的情况还不错"或者"那么你今天过得不错"。我们往往会不假思索地说出"我理解你的感受"这样的话。然后对方会不由自主地想：不，你不知道我的感受，因为你不是我。

"那么你……"这个基本公式可以确保你能将谈话焦点放在对方身上。例如，你走进电梯，看到一个人面带微笑，一脸幸福。你可以很自然地说,"那么，你今天挺顺利的吧"，作为对他身体语言的反馈。

使用移情表述实现"友谊黄金法则"目标时，要避免逐字重复对方的讲话内容。人们很少这么做，所以一旦真的出现重复，对方的大脑就会将其作为异常行为处理，从而产生防御反应。这正是你试图利用移情表述实现目标的相反效果。机械地重复对方的讲话内容还会让你显得屈尊俯就。不要那么做！

移情表述旨在将谈话焦点放在对方身上，令他们获得良好的自我感觉。移情表述的应用则是一个简单而有效的技巧，它将促使对方主动与你结交，因为每次与你谈话都能让他们感到舒心。最重要的是，对方不知道你在运用技巧，因为他们想当然地认为自己值得关注，而且觉察不到你的反常举动（这些举动将顺利地通过对方的“属地扫描”，同时不引起任何注意）。一旦你掌握了运用这个基本公式组织移情表述的技巧，你就能在随口应答“那么你……”的基础上组织起更加复杂的移情表述了。

移情表述案例

让我们来看看如何在谈话中运用我们到目前为止讨论过的技巧。本使用标准友好信号向薇姬发出了非语言邀请，而薇姬此时正和几个朋友站在吧台附近。薇姬用非语言方式接受了本的邀请。随着本走近薇姬，他注意到她面带微笑，正和朋友们嬉笑打闹。

> 本：嗨！我是本。你叫什么名字？
>
> 薇姬：嗨！我叫薇姬。
>
> 本：你今晚看起来真的很开心。（基本移情表述）
>
> 薇姬：确实。我今晚真的需要出来散散心。

如前所述，一旦你掌握了运用基本公式组织移情表述的技巧，你就能在随口应答“那么你……”的基础上组织起更加复杂的移情表述。让我们重新回到本和薇姬的对话上，这次使用复杂的移情表述取代基本公式。

本：嗨！我是本。你叫什么名字？

薇姬：嗨！我叫薇姬。

本：你今晚看起来真的很开心。（复杂移情表述）

薇姬：确实。我今晚真的需要出来散散心。

本：那你最近真够忙的。（复杂移情表述）

薇姬：是的，过去的3周里有个项目要做，我每周要工作60个小时。

使用这两种方法时，本都能看到薇姬在微笑或大笑，这两种体征表明她心情很好。于是本组织了一个反映其情绪状态的移情表述，实现了多个目标。第一，他向薇姬传达了关注其感受的信息。第二，他把谈话焦点放在薇姬身上。第三，薇姬的回应让本知道该往哪个方向引导谈话。薇姬的回答“确实。我今晚真的需要出来散散心”表明她在本周或者近期经受过某种压力。本并不知道是哪种压力，但是他可以组织另一种移情表述，以非侵入方式探究她经受压力的原因。通过这么做，本可以继续把薇姬作为谈话焦点，让她明白自己仍在关注她和她的感受。薇姬觉察不到本在运用一系列移情表述，因为这种行为将被大脑当作“正常行为”，不会引发怀疑或者防御反应。此外，薇姬在潜意识里认为自己理应是被关注的焦点（我们都这样），本对她的专心令她很高兴，这让她自我感觉良好——根据“友谊黄金法则”，这将加大她喜欢上本的概率。

移情表述还能有效地充当谈话的填充性内容。对方停止讲话而你接不上话时出现的令人尴尬的沉默是灾难性的。当你纠结于要说什么时，不妨转而求助移情表述。你只需要回想一下对方所说的最后一项内容，然后基于该信息组织一个移情表述即可。发言人将接上话，让你有时间思考更有意义的话题。当你无言以对时，运用一系列移情表述要比贸然发言好得多。请记住：你的谈话对象意识不到你在运用移情表述，因为这种行为将被对方的大脑视为“正常行为”，不会引起注意。

奉承和赞美

奉承和赞美之间存在细微的差异。奉承这个词与赞美相比，有较多的负面含义。奉承往往与出于私心的不诚恳赞美相关，旨在利用和操纵他人。赞美的目的是表扬他人，认可对方的成就。随着关系的形成和发展，赞美会在加深双方关系方面发挥越来越大的作用。赞美行为表明对方仍在关注你和你的成就。

在新晋关系中运用赞美技巧的一个陷阱，是你对自己想要真诚相待的人不够了解。言不由衷的赞美和奉承没什么两样，还会给接受溢美之词的人留下负面印象。毕竟谁都不喜欢被操纵和被欺骗的感觉——大家都清楚自身的优点和不足。如果你夸大其词，妄称别人擅长某事，他们就有可能质疑你的动机，因为他们意识到你的评价和他们的实际表现之间存在差异。

关于运用赞美技巧，还有一个极好的替代方法。这种方法能够避免落入赞美对方的固有陷阱，并反过来让对方赞美自己。这个技巧避免了看似不诚恳的问题。当人们赞美自己时，真诚自然不成问题，而且只要有机会（你可以随时提供），很少有人会错过赞美自己的机会。

让别人赞美自己的关键是组织一次对话，以促使对方认识到自己的价值或者成就，还要默不作声地轻拍一下对方的后背。当赞美自己时，人们会获得良好的自我感觉，而且根据“友谊黄金法则”，他们会喜欢上你，因为你为他们提供了获得良好自我感觉的机会。

再回到本和薇姬的新关系上，本可以为薇姬赞美自己创造条件。

本：那你最近真够忙的。（复杂移情表述）

薇姬：是的，过去的 3 周里有个项目要做，我每周要工作 60 个小时。

本：需要具备奉献精神和坚定的信念才能承担那种规模的项目。（给薇姬提供自我赞美机会的表述）

薇姬：（思考）我做出了很大的牺牲才完成了那个宏大的项目，而且不客气地说，我干得很棒。

请注意，本并没有直接告诉薇姬，他认为她是一个具有奉献精神和坚定信念的人。然而，对于薇姬来说，她不难承认自己具备这些特征，也很容易将其应用于自己的工作中。即使薇姬认为自己并不具备奉献精神和坚定信念，也无损这种新关系。不管薇姬的自我评价如何，本说的都是实话，所以他的观点在最坏的情况下则会被忽视，在最好的情况下则会促使薇姬对自己（和本）感觉良好。基于人的本性，即便薇姬在现实中并不具有奉献精神和坚定信念，她也可能认领这些有利特征。很少有人公开承认（更不会对自己承认）自己并不具备奉献精神和坚定信念。

第三方赞美

你可以借助第三方赞美你的结交对象，从而不必亲自开口就能实现赞美的目的，让你的赞美目标获得良好的自我感觉，甚至对你产生好感。一旦你直接赞美别人（尤其是怀疑你别有所图的人，比如你的约会对象、你的老板、你的朋友），他们往往会怀疑你的动机，怀疑你试图通过故意恭维来影响他们。第三方赞美可以消除结交对象的这种顾虑。

组织第三方赞美需要你找到一个共同的朋友或熟人，此人要了解你和你的关注对象。此外，对于选定的第三方能将你的赞美传达给目标对象，你应该有相当的把握。如果能成功地传达信息，等你再次遇到你的关注对象时，他/她就会以积极的方式看待你。假设你是马克，思考以下互动情形：

迈克：我前几天遇到了马克。他告诉我，他认为你非常聪明。事实上，他说你是他遇到的解决问题能力最强的人之一。

索尼娅：啊，真的吗？他是这么说的？

迈克：他就是这么说的。

和你（马克）直接对她说同样的事情相比，索尼娅会更乐意接受迈克转述的赞美之词。此外，迈克可以毫无顾忌地向索尼娅准确地传达你的看法，而你兴许不宜在关系的初始阶段发出这样的社交声明。你通过迈克间接地促成索尼娅的自我赞美，让她获得了良好的自我感觉，从而使她在初次见面之前或者听到迈克的第三方赞美那一刻就喜欢上你。

除了约会情形，我发现第三方赞美在工作场合也很奏效。有一个完美的例证：FBI内部的行动经费需要通过审查，因此，并非每个计划都能得到资助。为了提高我的计划获准概率，我需要运用第三方赞美策略。

就在新晋副主任要如期审查我的计划的前几周，我找到了最能传闲话的办公室同事，漫不经心地向他提及我们的现场办公室终于要有一个头脑清醒的副主任了。我还提到，这位新副主任是一个聪明人，在行动策略方面颇有深谋远虑。对于爱传闲话的人来说，信息就是筹码。在他们看来，向感兴趣的人散播自己听来的消息可以赢得尊重。果不其然，新上司很快就“通过秘密来源”听说了我对他的看法。与直接听我说相比，副主任更可能接受来自第三方的真心赞美。此外，我没有机会见到副主任，因为我当时在跑现场。

当副主任审查我的计划时，由于知道了我对他的看法，他就很容易对我采取较为积极的态度。我让他获得了良好的自我感觉，即执行了“友谊黄金法则”，而且我的手段不至于引起他的怀疑。第三方赞美合乎正常行为参数，能波澜不惊地通过一个人的“属地扫描”。所以，我不会有什么损失。即便我的策略失败，负面风险也是零，因为无论如何我都有可能失去经费。如果这个技巧奏效，所带来的好处就是能成功地实现我的预期。事实证明，我的大部分计划都获得了资助。

第三方和“首因效应”

语言无法改变现实，但可以改变人们对现实的看法。语言可以构建人们借以观察周围世界的滤光镜。只言片语就能导致喜欢或是厌恶一个人的悬殊结果。

请思考一下这个例子：你的朋友卡尔文向你谈及就要和你见面的新邻居比尔。卡尔文说：“你的新邻居比尔不是很可靠。事实上，你要在握手时留意你的手指头，确保不被他偷走。”一旦你们初次相见，你会怎么看待比尔？问题在于你受到了鼓动，通过行为科学家所谓的“首因效应”将他预判为不可靠之人。如果即将和你初次相见的人被某个朋友描述为“不可靠”，你就很容易认为那个人不值得信赖，而不管他的实际可靠程度如何。从此以后，你会倾向于认为此人的一切言论和行动都不值得信赖。

与此相反，如果你的朋友卡尔文告诉你，你的新邻居比尔“非常友好，很合群，很有幽默感……你会喜欢上他的”，现在你会怎样看待比尔？你有可能认为比尔很友好，而不管他的实际友好程度如何。

虽然避免因别人（尤其是你尊重和/或喜欢的人）的事先告知而对某人产生消极或积极看法有一定的难度，但也不是不可能实现。你见到“不可靠的”比尔时，越是体验不到他不可靠的情形，就越有可能认为他值得信赖，从而克服因“首因效应”导致的原始消极看法。不过，你不太可能给一个背负“不可靠”标签的人提供证明自己的机会，因为你会降低和他再次相见的欲望。

如果你多次遇到“友好的”比尔却没有任何友好的体验，你往往会为其不友好的行为开脱。理由可能包括“他今天肯定不开心”，或者“我肯定来得不是时候”。一开始被描述为友好的不友好者，会赢得“首因效应”优势，因为人们往往给予他自证友好的多次机会，尽管他会屡屡表现出不友好的行为。

正因为“首因效应”如此强大，所以我们可以借助这个工具塑造友好关系，或者让别人按我们期待的方式看待我们。你对“首因效应”的处理行为会释放某种信号，促使某人按你期待的方式去看待别人。

人工测谎仪

我经常在审讯犯罪嫌疑人时运用“首因效应”。我还记得审讯一名银行抢劫犯罪嫌疑人的案例。我和搭档与犯罪嫌疑人坐在审讯室里。审讯刚开始，我的搭档就起身告辞，说他必须去打个电话。其实，他的离开之举是我们计划的一部分，目的是让我和嫌疑人单独待在一起，以便和他私下交谈。

我告诉嫌疑人：“你真幸运，轮到我的搭档值班。他很坦诚，也很公正。他会不带偏见地听取你的单方面供述。”然后我靠回椅背继续坐好，等待搭档回来。几分钟后，我赶在搭档回来之前补充说：

“关于我的搭档——我猜他能做到公正。这个人是一个人工测谎仪。我不明白他是怎么做到的，但他能识破别人的谎言。无论什么话题，无论谁在讲话，这个人都能分辨出对方是否诚实。”我说最后这番话的目的，是希望创建嫌疑人用来观察我搭档的滤光镜。我运用“首因效应”塑造了他对我搭档的技能评价。

我的搭档回到了审讯室，他早已明白要保持沉默，直到我问嫌疑人：“你是否抢劫了银行？”如果那人说“没有”，我的搭档就要遵照事先的指导，用怀疑的目光盯着嫌疑人，表现出一副“你在开玩笑”的样子。那么，发生了什么呢？我问嫌疑人：“你抢劫银行了吗？”他答道：“没有。”我的搭档用怀疑的目光看着他说：“什么？”然后——这是真事——嫌疑人抬起手猛然砸在桌子上，说：“该死的，他真厉害！”于是就全盘招供了。

“首因效应”并非万能

运用“首因效应”影响他人是一个好主意，但要注意它有利有弊。如果你不加小心，“首因效应”会让你对待他人的行为有失偏颇，使你产生有关对方行为的不准确和误导性认识。

刚做FBI特工时，我曾是“首因效应”的牺牲品。我奉命审讯一名嫌疑人，据我的同事说，此人绑架了一名4岁的女孩。在和嫌疑人谈话前，我的想法已经被同事的说法过滤了，等到亲眼看到那个男子时，我已经确信他就是绑匪。因此，透过我的“滤光镜”来看，嫌疑人的所有言论和行为都是有罪的表示……尽管有充足的相反证据。

我越是对嫌疑人施加压力，他就越紧张，这并不是因为他有罪，而是因为我不相信他，而且他认为自己会被无辜地关进监狱。嫌疑人越是紧张，我就越是坚定关于他就是绑匪的原始看法，因此向他施加更大的压力。审讯局面自然迅速地失控了。最后，当真正的绑匪被抓到后，我感到非常尴尬。

下次你执行审讯任务、会见新同事或是购买新产品时，想想你是如何形成有关该人或该产品的看法的。你的看法因“首因效应”形成的概率是很大的。

人们对在不同部门间调动的雇员的接纳程度，往往取决于他们任职之前的名声……正如你深信自己购买的新品牌牙膏必定很好，是因为 5 位牙医里面有 4 位推荐了它。

“首因效应”很强大，要明智地运用它。

予人玫瑰，手留余香

富兰克林发现，你如果向同事求助，更能让他们喜欢上你。这种现象（顺理成章地）被称为“本 · 富兰克林”效应。

乍看起来，这个发现似乎有违直觉。相比求助者，你难道不是更应该喜欢帮助你的人吗？事实证明并非如此。一旦向他人提供了帮助，人们就会获得良好的自我感觉。“友谊黄金法则”表明，如果你能让别人自我感觉良好，他们就会喜欢你。因此，向别人求助不只是成全自己，还能成全帮助你的人。

不过这里有一个警告：不要滥用这个技巧，因为本·富兰克林还发现“鱼放三天臭，客住三天嫌”。（求助过多的人也是如此！）

回到本和薇姬的邂逅，他可以在和这位年轻女子交谈的过程中运用这种“求助”技巧。

> 本：需要具备奉献精神和坚定信念才能承担那种规模的项目。（给薇姬提供赞美自己的机会）
>
> 薇姬：（思考）我确实有奉献精神和坚定信念。我做出了很大牺牲才完成了那个宏大的项目，而且不客气地说，我干得很棒。
>
> 本：薇姬，我想去洗手间，你能帮我看着饮料吗？（求助）
>
> 薇姬：当然，没问题。

本对薇姬直呼其名（回想一下，人们喜欢他们名字的发音，也喜欢有人记着自己的名字这个事实），然后请她帮个小忙。这些小行为能促使薇姬喜欢上本，因为帮助别人的人能获得良好的自我感觉。

结合友谊工具，促进有效关系

根据不同的情况，你可以运用本书介绍的一种或多种技巧结识新朋友。同时运用多种技巧的好处，在于这种技巧组合能提供更强大的交友动力。你可以思考一下美国军队是如何借助“首因效应”、友谊公式和第三方介绍，与很可能警惕或完全仇视美国人的人交朋友的。

作为在别国领土上执行军事行动的外国人，赢得民心是一项艰巨的任务。战斗在外国领土上的士兵出于其工作性质的原因，被迫采取詹姆斯·“疯狗”·马蒂斯将军主张的策略：“要礼貌，要专业，但要做好准备，杀死你碰到的每一个人。”换句话说，和潜在的敌人交朋友会是一项难堪的任务。

在争取阿富汗民心的一次尝试中，我是行动小组的一员，上级要求我们“向我们的人（美国军队）示范如何在减少恐吓行为的同时保持战场意识”。

所以，在面对全副武装（作战装备、头盔、枪袋）、无不透露着威胁性，并被告知在和当地民众交涉时要板起脸（他们的“威严表情”）的士兵时，你如何让他们显得友善？一旦这些士兵进入当地村庄，那里的居民一眼就能发现这些敌意信号，会很自然地采取防御态度。

这就是我们对战士的要求：照常携带战斗装备进村，做好遭到攻击时的自我保护准备，同时还要做到以下几点：

（1）运用友谊公式。在村子里多待一会儿，什么都不用做……只是待在那里。这样能满足接近条件。然后，随着时间的推移，增加前往这个村子的次数（频率），延长在那里停留的时间（持续时间）。最后，通过给村里的孩子发放他们喜欢的东西来增加这两种措施的强度（短期效果明显）。

（2）释放友好而不是敌意信号。保持你的威严表情，但要有所掩饰；换句话说，要面带微笑，不要一脸怒容。

（3）一旦村民习惯了你们的非威胁表现，你就载一车足球开进村庄，让孩子们看到你。然后会发生什么事？由于你在释放友好信号，孩子们不会把你看作威胁，反而会被激发好奇心（强度），他们会接近卡车，并且发问：“这些足球是给谁的？”卡车司机可以告诉孩子们：“给你们的！”然后把它们送出去。

那么结果呢？孩子们会喜欢上你。所以，一旦见到自己的家长，这些孩子会为美国人做第三方介绍。他们会说：“我见到了美国人，他们送给我们足球，他们是好人。”于是，那些家长便会通过自己孩子创建的首因滤光镜看待你，更愿意把你看作朋友，而不是“敌人”。

如果美国人不管不顾地进入村子，不运用友谊公式（不尝试确立趋近度、频率、持续时间和强度），释放敌意而不是友好信号，不运用经由第三方介绍的“首因效应”，那么，当美军告诉村里的长者自己并非威胁时会发生什么事？美国人根本得不到信任，士兵们会被当作骗子。

运用这些友谊工具就能轻易地影响别人的行为，这实在令人惊讶。无论是单独运用还是结合运用，它们都能让对方获得良好的自我感觉；反过来，对方也会让你自我感觉良好。当你运用“友谊黄金法则”时，它会鼓励互惠行为：“如果你让我快乐，我就想让你快乐。”即使在一次性相遇中，如果你和可能再无见面机会的某人进行互动，你也能见证这种互惠行为。

免费升舱背后的“移情”能力

几年前，我曾在德国法兰克福短暂地停留。我对自己的剩余行程没什么好感，因为我订的是经济舱的中间位置，而且飞行时间长达8个小时。我当然不想提前登机，那要苦等一个小时才能起飞。于是我决定妥善地利用这段时间。我极力回忆自己在高中语言课上学到的每个德语单词，然后走向票务员。我一边靠近他，一边释放几大友好信号：挑眉、微笑、点头。当我走到登机柜台前时，为了建立某种“共同点”（见第4章），我说了声“你好”。我不准确的发音让他笑了，但他回应了我的问好，然后用英语说：“我能帮你吗？”

我说不用，但开始和他搭话。我运用移情表述鼓励他说话，让他获得良好的自我感觉。随着谈话的进行，在我简明移情话语的刺激下，他几乎包揽了所有谈话内容。他没有注意到这一点，因为人们认为地球是围绕自己旋转的，所以，我的行为也没有逾越人类底线，没有导致他的大脑出现“警惕”反应。我给他提供了一个谈话理由，事实上，我在鼓励谈话，而谈话让他感觉良好。

于是，他喜欢上了我。

我们结束“对话”时，这位票务员问我为什么不登机。我告诉他，我订的是经济舱，我希望尽可能地缩短在那里挨挤的时间。情况就是这样。

大约20分钟后，票务员最后一次呼叫登机。在我走向登机廊桥时，我听到那个票务员喊道：“谢弗先生！”我停下脚步，票务员走了过来。他问我带没带登机牌。我点点头，把登机牌递给他。他收走了它，并交给我另外一张登机牌。

“祝您旅途愉快，谢弗先生。”他说。

我看了看登机牌，上面显示我已被升级到商务舱。我说：“谢谢你，先生，我真的很感激。”

“没事，别放在心上。”他答道，挥手送我登机。

还有一次是飞机晚点，大家真的气坏了。我在登机柜台前排队等候，我前面的家伙非常激动，朝票务员大喊大叫，说自己就要错过转机航班了，等等。票务员告诉他，她实在没办法，只能让他稍等，转乘下午5点30分的航班。

然后轮到我了。我走到这位显然很是不安的员工面前，不带任何奢望——我只是试图让这位票务员开心一些。她拿起我递过去的机票说：“抱歉，先生，你会错过你的转机航班。我可以为你预订稍后起飞的航班，时间是下午5点30分。”

我盯着她的眼睛，模仿此前那位乘客嘲弄地说：“我认为这无法接受。”等她看回我时，我补充说：“我现在能朝你大喊大叫吗？”她说不能，并再次提到下午5点30分的航班。

我重复道：“我现在可以朝你大喊大叫吗？”她开始咯咯发笑。我说：“我什么时候可以朝你大喊大叫呢？”这时，我们两人都开始前仰后合地哈哈大笑。这样大约一分钟后，她说：“你知道吗？我刚刚发现下午2点40分的航班上有一个座位。”然后她把我的名字输入了电脑。我说：“我只是好奇，我无意中听你对前面那位乘客说，下午2点40分的航班没有空座。”她说：“朝我大喊大叫的人没有座位。

你现在想朝我大喊大叫吗？”我轻声回答说：“不，女士。谢谢你。”

有趣的是，我走向那位票务员时并没有想着要改签稍早的航班，我只想让她感觉好些。不过，一旦你让别人感觉良好，好事情往往就会落到你头上。

我曾经多次运用这种“消除你的挫败感”的方法帮助各种类型的客户服务代表，每次都能平息他们的怒气，让他们有好心情。有一次我出国旅行时，一群乘客错过了前往某地的转机航班，他们让检票员很头疼。她试图耐心地对待他们，但根本没用。最后，警察被叫去处理此事，因为这些乘客引起了严重的骚乱。

我还算“幸运”，是紧随其后排队等候检票的人。于是，我走向柜台，对检票员说：“看来你今天有点儿小麻烦。”（移情表述）她的回答很敷衍：“是的。”

“你好像很沮丧。”我说。（移情表述）

“是的，我很沮丧不能朝那些人大喊大叫。我无法摆脱我的挫折感。”

我向这位检票员同情地点点头，说道：“女士，我来告诉你我会怎么做。我将回到队列前面的那根拦绳那里，然后再次朝你走来，同时评价一下你的服务，我希望你能将挫折感释放，转而让我来承受。”

这位女士看上去有几分疑虑，不过还是说：“好吧。”

于是，我回到拦绳区，转身走向柜台。我指着检票员说：“我不喜欢你对待那些人的方式。你很粗鲁，不体谅人，而且……”我没能说下去，因为检票员要我闭嘴，然后她把挫折感转嫁给了我。我的意思是，她所有被压抑的挫折感已经在内心深处沸腾，现在她有了发泄的机会！

等她完成长篇大论的指责之后，我告诉这位女士，我非常愤怒和失望。

检票员喘了一口气，问道：“怎样才能平息您的愤怒，先生？升舱可以吗？”

我点点头，肯定地回答说：“是的，我想可以的。”

“好吧，我为您升到头等舱。”她说。

我说：“谢谢你。”然后，我们两人都开始大笑。

当我正在登机时，检票员竟然来到飞机上，感谢我“让她开心”。

这种事情总是发生在我身上。我没有求助，连丝毫暗示都没有，大家就会帮我的忙。我的发现是，一旦你让别人获得良好的自我感觉（“友谊黄金法则”），你不仅能让对方喜欢你，还能得到一种附带好处：他们也想让你获得良好的感觉。我每天都能看到这种现象。我一次又一次地经历这种情况。

还有一次飞行经历就是这种“好处”的证明。

当时我在伊利诺伊州的莫林市，我的航班被取消了。这里真的不是一个被搁浅的好地方。大家都在骂人。在我前面排队的女士挥动着手臂朝票务员尖叫。票务员正在强忍着怒火，她说：“我可以帮你改签下一班航班，女士，起飞时间是明天凌晨。”听到这个消息，那位女士骂得更大声了，甚至开始跳脚。

轮到我了。我走向仍在压抑怒火的票务员说：“唉，那位女士太强势了。”（移情表述）

“确实，”她认同地说，“我不喜欢她。”

我回答说："好吧，我帮不上忙，不过我刚听到明早之前已经没有航班了。"

她说："不，一小时后还有一次航班。"

我刚要开口说话，就被她打断了："我不喜欢她，所以她得等到明天。我喜欢你——你今天就能走。"

我的最后一个飞行故事应该能确凿地证明友谊工具的实际作用。我搭乘最后一次班机出城，临时滞留 90 分钟，我认为这是一个很好的机会，可以采访航空公司的一些职员，了解他们对客户服务和客户行为之间关系的看法。

只有一位员工还在售票柜台工作。我朝她走去，一边靠近她，一边释放友好信号。我需要一个"诱饵"来激发她的好奇心。当她问我要去哪里时，我说我要去芝加哥完成一项调查。

她问我是做什么工作的，我说："我在FBI工作。"这吸引了她的注意，她问我在FBI做些什么。

"我做员工培训。"我回答说。

"关于什么方面的培训？"她问。

"善待别人……获得他们不应得到的东西。"（好奇心诱饵）

她笑了："比如呢？"

"比如升舱。"

我们俩同时笑了起来。我说："如果我走到你面前直接要求升舱，你会同意吗？"

"不，"她大声说，"大家都这么做，而我总说不行。"

"那你肯定给别人升过舱吧？"

“是啊，给我喜欢的人升过舱。”

结案。

无论你是在阿富汗还是在亚特兰大，这本书中的技巧都可以单独或联合发挥作用。一旦加以运用，你就会大大地提升结交朋友的可能性，甚至结识那些一开始对你抱有敌意的人。而且，谁知道呢，也许你只能在这个过程中得到一个升舱机会。

4. 吸引力法则

如果你想找别人做朋友，你会发现朋友无从寻觅。

如果你想做别人的朋友，你会发现朋友无处不在。

——齐格·齐格勒

在这一章中，我将为你的友谊工具箱增添更多工具，比如“吸引力法则”。这些法则描述的因素一旦显现，就能提高两个人相互吸引并体验积极互动结果的可能性。鉴于这些法则在塑造人际关系时意义重大，如果你能将它们纳入自己的关系互动中，就能有更多方法结交朋友。

把每条吸引力法则都当作工具，用于强化你的有效关系。你不必采用全部法则来实现你的友谊目标，事实上，你也不应该全部采用，因为有些法则并不符合你的个人特征，或者它们旨在达成或长期或短期的关系（比如与推销员的一次性接触，而非建立持久友谊）。选择最适合你的法则，用于和关注目标展开互动。

相似性法则

拥有相同观点、态度和行为的人往往可以建立亲密关系。谚语“人以群分”是有其道理的。兴趣相投的人会被彼此吸引。避免认知失调的必要性可以解释这一事实的缘由。失调现象会在人们持有两种对立观点或信念时发生。这种认知差异会导致焦虑情绪。

持有相似观点的人会相互促进，从而提高相互吸引的可能性。相似性还能增加志同道合者再次相见的概率。相互促进能维持或者提升自尊，从而使人产生更强烈的幸福感和快乐感。

坚持共同原则和信念的人很少有失调体验，他们共有的相似性赋予了他们安全感。这些人往往很少发生冲突，因为他们的世界观很相似，相似性可以带来更大的幸福感和被理解感。即使人们是初次见面，相同的认知也能增进他们对彼此的吸引。

在我职业生涯的早期，我注意到大多数FBI特工看起来都很相似，也都持有相同的观点。这可以用有关相似性和吸引力的心理学原则加以解释。负责人员招募的FBI特工往往会雇用和自己最相像的新人。等到这些新任特工有资格参与招募程序时，他们也会下意识地挑选和自己最相像的人。几十年过去了，FBI充斥着观点相同、穿戴相同、模样相似的人。

随着反歧视积极行动的开展，越来越多的女性和少数族裔进入FBI行列。当这些人有资格坐在招聘板前时，他们往往会挑选和他们最相像的申请人。根据相似性和吸引力心理学原则，现在的FBI特工和大部分美国企业对目前美国人口多元化的影响更加深刻。

共同性把人们联结在一起。快速找到共同点可以建立融洽的关系，并为发展友谊创造有利的环境。亚里士多德曾说："我们喜欢和我们相像、拥有相同追求的人……我们喜欢和我们有同样渴求的人。"如果你能找到共同点，就很容易和另一个人发展关系。人们会自动地认为对方的想法和自己相似，尤其是初次遇到某人的时候。因此，当你第一次遇到某人时，你可以通过寻找你们之间的共同点，充分利用这种倾向。

在从一定距离以外评价某人时，要寻找潜在的共同点。比如，可以从人们的穿着打扮发现共同点。如果一个人穿着印有某球队标志的衬衫，表明他/她至少对该球队有过短暂的兴趣。即使你不喜欢同一球队，你也可以利用这一信息展开对话，尤其是如果你对体育运动也感兴趣的话。

一个人的行为也可以作为确立共同点的依据。一个人正在遛狗、看书或者推婴儿车，这些行为都能为你提供有价值的信息，便于你确认潜在的谈话开场白和/或相似的兴趣。

文身也可以为我们提供有关对方的兴趣线索。文身是永久性的。人们在接受文身时，通常都对自己期待的文身类型和文身部位进行过思考。刺在人体某个显眼部位的一小片大麻叶表明了一种坚定的态度。如果你强烈反对吸食大麻，最好把目光投向别处，去寻找理念相对一致的朋友。

一个人与他人的互动方式，也能提供有关其个人倾向的线索。一个窝在椅子里不怎么和别人互动的人，其倾向有别于坐得笔直、乐于和周围人交流的人。如果你的个性和对面的人差异悬殊，发展密切关系的可能性就会显著降低。

一旦你和某人初次接触，倾听他们的讲话可以发现较多有关其好恶的线索。有意识地努力引导谈话，让谈话内容指向你们的共同点——谈论共同的经历、兴趣、爱好、工作，或其他任何共同话题，从而促进和谐关系并发展友谊。这里有一些例子，可以说明如何能快速地寻找与他人之间的共同点。

同生体验

同生体验是指你和你刚刚遇到的人有着相同的兴趣或态度。例如，如果你发现某人身穿印有芝加哥白袜队标志的衬衫，而你是白袜队的球迷，那么你们就拥有了针对这支球队的同生兴趣。不过，某人身穿印有白袜队标志的衬衫并不意味着他/她就是白袜队球迷。除了建立融洽关系，还可以运用移情表述来探究你对此人的观察和猜测结果。请思考以下对话：

布莱恩：嗨，我是布莱恩。你叫什么名字？

克里斯汀：我叫克里斯汀。

布莱恩：那么你肯定是白袜队的球迷吧。（移情表述）

克里斯汀：我永远是白袜队的球迷。

布莱恩：我也是。

通过运用移情表述，布莱恩了解到他和克里斯汀都是白袜队的狂热球迷。一旦找到了共同点，布莱恩现在就可以专注于这个话题，对话就能很自然地进行了。如果布莱恩不是白袜队的球迷，他就可以将话题转到他们对棒球的共同兴趣上，比如下面一番对话：

布莱恩：嗨，我是布莱恩。你叫什么名字？

克里斯汀：我叫克里斯汀。

布莱恩：那么你肯定是白袜队的球迷吧。（移情表述）

克里斯汀：我永远是白袜队的球迷。

布莱恩：我喜欢棒球，但我是小熊队的球迷。

克里斯汀：哦，我不太了解小联盟棒球。

（注意：克里斯汀除了有幽默感，显然还鄙视了一下她所钟爱球队的同城对手！）一旦确定克里斯汀和布莱恩同样关注棒球但钟爱不同的球队，布莱恩就可以利用这个信息激发有趣的对话，谈论每个棒球俱乐部的优势和劣势。

来自同一地方的人可以迅速地建立友谊，尤其是当他们共处他乡的时候。相同的工作兴趣、政治立场、宗教信仰、共同的朋友和相似的经历是探究共同点的好话题。

如果你难以找到共同点，不妨谈谈音乐。正如此前提到的，大多数人的共同点就是音乐。音乐是多数人都愿意谈论的中性话题，即使他们的欣赏品位不同。

共同记忆

跨越时间共享的体验（比如，就读同一所学校、同样服过兵役、在同一地区居住）可以增加交友机会。你们可能没在同一时间共享体验，但可以跨越时间去寻找共同点。

替代性体验

对方启发你想起曾经有的某种生活方式或行为能促成一种替代性体验。你可以利用替代性体验去确立和对方之间的共同点，哪怕你其实对相关话题知之甚少。这种方法特别有效，因为它能让你的关注对象谈论他们自己，谈论他们最可能感兴趣的方面，这能让他们获得良好的自我感觉，而且由于你是促成这种感觉的人，他们一定会以积极的方式对待你的（“友谊黄金法则”的实践）。推销员们最喜欢运用这个技巧，因为即便他们不太明白客户的意思，也能从中找到共同点。这里有一个例子：

汽车销售员：您从事什么工作？

顾客：我是面包师。

汽车销售员：真的吗？我父亲就是面包师。

汽车销售员不需要知道有关面包师的一切，他父亲是面包师这个信息就已足够。当你初次遇到某人时，你可以运用同一技巧寻找共同点。

奥德丽：你在哪儿工作？

苏珊：我是财务策划师。

奥德丽：真有趣。我姐姐是会计。

大多数人都有家庭成员或家族成员从事与我们的谈话对象相同或

相似的工作。以奥德丽为例，她姐姐是一名会计，其工作领域和财务策划师相似。如果你没有家人或亲戚从事与你关注对象相同或相似的领域，可以考虑这方面的朋友。无论何时，只要你试图建立某种关系，运用替代性体验这个技巧都能获得不错的结果。不过要谨慎从事：不要对你初次见面的人撒谎。如果你们能发展关系，真相必将大白，尤其是在关系初期发生的信任破碎能迅速关闭“信任开关”。

附带收益

有时候，交朋友就是在正确的时间、正确的地点发生的事情而已。当人们自我感觉良好，却无法将这种良好感觉归于特定原因时，他们往往会将这种原因和此时与自己身体接近的人关联起来。如果你恰好是这个人，你就会从中受益并使对方喜欢上你，这并不是因为你做了什么，而是因为“错误归因”。从某种意义上来说，我们由此获得的是某种附带收益，而不是附带损失。

思考一下这个例子。当人们运动时，大脑会释放内啡肽，由此会带来一种非特异性幸福感。如果碰巧有人在附近出现，由于不能将内啡肽效应直接归因于运动，这种良好的感觉往往会和此人建立关联，这就是“附带收益”。由于这种良好感觉被“错误归因”于附近的人，他/她就会被下意识地视为良好感觉的原因，从而显得更有吸引力。

如何利用这个信息让别人喜欢你？其实，你可以通过各种方法利用这一现象。如果你体态良好，你可以组织健身聚会，参加健身俱乐部，或者参与体育活动（有组织的步行或跑步能为错误归因发挥作用提供绝佳的机会）。

约会

假设你想与某个关注对象约会，同时希望增加你获得积极回应的机会，运用错误归因法或许能达到目的。如果你发现你想见的人经常跑步或运动，你就可以在对方健身活动期间或完成健身活动之后不久安排一次“偶遇”。这种偶遇不一定包括语言交流。共享同一空间可以诱发错误归因，能让你显得更有吸引力。如果你和你的关注对象都参加体育锻炼，那么你就尽量安排同时进行。与关注对象近距离一起锻炼会产生附带收益，之前已经讨论过。如果你希望遇到的人是参加体育锻炼的同事，你要确保在他/她结束锻炼活动后，接近其办公室或办公隔间。同样地，如果得知你的关注对象每天都会在锻炼之后走进某家咖啡店，你要确保自己在他/她到达咖啡店前及时出现在那里。

你要尽量利用错误归因原理，和因为内啡肽而产生的良好感觉相关联，以此增加你在对方眼里的吸引力。为了实现这个目标，你必须在释放内啡肽的过程中或其后不久接近对方。

出乎意料的是，错误归因也会在人们经历恐怖事件或是创伤体验时发生。对于和自己经历同一恐怖事件或创伤体验的人，人们会产生更强烈的亲近感。在惨烈的战斗中幸存的士兵，会和自己的战友结下深厚的情谊。在共同经历了创伤体验之后，警察会和自己的搭档形成亲密的关系。

恐怖电影能引发相同的反应。如果你和某人去看恐怖电影，共同经历的恐怖体验可以引发错误归因，反过来会增加观众的彼此吸引。因此，对于第一次约会来说，安排观看恐怖电影是一个理想的选择，因为它会增加在新关系中彼此吸引的概率。同样地，如果你与某人的长期关系正在变淡，就去跳伞、蹦极、坐过山车，或者从事可以创造危险认知的其他活动。共同体验将使你们更加亲密，重振你们的友情或爱情。

好奇心法则

好奇心可以充当增加强度（友谊公式）、激发他人对你关注的“诱饵”。它是一个有效的交友方式。面对刺激能做出不止一种机械反应的所有动物都有好奇心。好奇心是一个生物指令，出于自我保护、繁殖和贪婪的需要。人类希望了解一切：我们是谁，别人是谁，我们何时来自何地，山那边有什么，以及从夸克到宇宙的一切物质的形状、大小、组成、寿命和距离。

为了幸免于难，动物们必须清楚自己的生存位置。此外，它们必须发现其所在位置的任何变化，以便能够做出恰当、有效的应对。个体关心的是自身生存问题，所以附近的变化——会对其造成影响的变化——最为重要。

发现变化最有效的方式是去探究。因此，当灌木丛中的动静引起猫的注意时，它就会悄无声息地慢慢靠近（没必要惹上麻烦）。发出动静的可能是猎物、捕食者，也可能是正在作业的自动喷水器。此时的好奇心可能给猫带来一顿美餐、使猫能够及时逃生，也可能导致一场猝不及防的冷水澡。无论如何，都要一探究竟。

一旦你的行为方式激起了对方的好奇心，对方为满足自己的好奇心而希望与你互动的可能性就会大大增加。因此，“好奇心诱饵”就成了遇见关注对象，进而发展友谊的有效工具。我在当特工时，经常运用“好奇心法则”帮助FBI招募外国侨民。在某个时期，一个外国人进入了我的管辖范围。我们有充足的理由怀疑他是政府派遣的特工，于是我受命把他发展成双重间谍。我知道，如果我直接走进他工作的照相馆，说：“我是FBI的杰克·谢弗，我们能谈谈吗？”他肯定会惊慌失措地冲出照相馆。所以，我决定用“好奇心诱饵”引他上钩。

第一次，我趁他不在的时候去了一趟照相馆，给他留了一张字条，上面写道：“抱歉，没能见到你。”还签上了我的名字：杰克·谢弗。我一共去了三次。第三次去那里时，我在留言条上增加了我的电话号码。所有这些信息的设计，都是为了激发这个人的好奇心。谁是杰克·谢弗，他为什么要联系我？这正是我希望这个人产生疑惑的问题，我希望每一条新留言都能强化他的好奇心。这种做法终于奏效了。收到留有我电话号码的便条后，他给我打了电话，而我得以安排在那个星期晚些时候和他会面。

互惠法则

遵循社会规范。如果某人对你有所馈赠或是帮助，无论程度如何，你都应该给予这种行为同等回报或更大的回报。有些组织利用这个法则，在发信募捐的同时奉送大家带有回邮地址的便笺、日历或其他小玩意儿。人们很可能同意捐赠，因为他们收到礼物在先，觉得有义务同样给予回报。

互惠法则是一种非常有效的交友工具。当你对别人微笑时，对方会觉得有义务回报以微笑。微笑表示接受和喜欢。人们喜欢被别人喜欢。一旦人们意识到别人喜欢自己，就会触发互惠原则。一旦人们发现自己被某人喜欢，就会觉得对方更有吸引力。人们往往会对别人带给自己的感受给予相同的回报。当互动双方都对对方产生良好的第一印象或流露出自然感情时，互惠可以导致最具戏剧性的结果。

下次有人感谢你帮忙时，别说“不客气”，而要说“我知道你也会这么帮我的”。这种回应能激发互惠行为。现在，对方会很乐意在你提出请求时给予帮助。

自我披露法则

互惠还与沟通的开放程度相关。向对方披露较多个人信息的人，很可能获得类似程度的个人信息回报。如果正在沟通的双方存在共同利益，这种现象会更明显。

自我披露能增进吸引力。对于披露自己的弱点、内心想法和自身事实的其他人，人们会有亲近感。如果披露基于感情而非事实，这种亲近感就会更强烈。其部分原因在于披露的强度，这种强度会对披露者的好感度产生积极影响。

过于笼统的披露会削弱开放感，从而降低亲近感和好感度。过于私密的披露往往会凸显一个人的性格和人格瑕疵，从而降低别人对他的好感度。在一种关系中过早地披露私密的人，往往会被视为不可靠，从而进一步降低别人对他的好感度。因此，当你遇到某人时，如果想把他当作长期朋友或者伴侣，就应该多加小心，不要在关系初期披露你最私密的方面。

自我披露过程包括两个步骤：第一步，必须进行既不过于笼统，又不过于私密的自我披露。第二步，自我披露必须获得同情、关怀和尊重。对一个坦率的自我披露做出负面回应，会令关系立即终止。

自我披露往往是相互的。一个人在进行自我披露时，倾听者很可能以类似的方式做出回报。个人信息交流能创造关系亲密感。关系中的一方进行自我披露，而另一方继续做肤浅的披露，将导致关系无法发展，甚至有可能终结。

可以使用“汉塞尔和葛雷特”方法。在这个经典童话中，汉塞尔和葛雷特走进了森林，为了确保可以找到返回的路，他们一路撒下面包屑。我建议你用“面包屑法”去散布关于自己的信息。关系往往会随着时间的流逝而削弱。为了维持关系的长期存在，要延长你的自我披露时间。

一旦发现对方值得信赖，人们通常会禁不住打开情感的闸门，用滔滔不绝的诉说去淹没他们的伙伴。披露应该在长时间内进行，以确保关系的强度和亲密度能够逐渐加大。就像汉塞尔和葛雷特一次丢一块面包屑一样，绵绵不绝的信息才能令关系长期存在，因为随着源源不断的自我披露，每个伙伴都会持续获得亲密感。

彼此自我披露能建立信任。进行自我披露的人容易受到披露对象的伤害，而彼此自我披露能创建一个安全区，因为双方都暴露了自己的弱点，所以倾向于守护所有披露内容，以免破坏信任关系，导致彼此尴尬。

社交网络用户往往更多依靠自我披露来创造一种亲密感，因为他们无法获得面对面沟通时才能发现的语言和非语言线索。在线交流信息的真实性值得怀疑，从而迫使上网的人用更多的时间来验证对方的信息。真实性一旦确立，有形的缺失会加大在线披露较私密内容的可能性，反过来会令人产生关系更加亲密的错觉。

个人吸引力法则

吸引力是其拥有者的一个有形优势。尽管有“情人眼里出西施”的说法，但现实是每种文化都有其广泛接受的“吸引力”标准。这些标准有可能因时而变，但大多数文化都会以当时盛行的美丽观或英俊观作为其内在标准。

吸引力不是“绝对的”。如果你愿意为之付出努力，就能变得更有吸引力。根据《自学身体语言》（*Teach Yourself Body Language*）的作者戈登·温赖特（Gordon Wainwright）的理论，任何人都能增强自己对别人的吸引力，只要保持适当的眼神接触，表现乐观，打扮得体，穿戴有亮点，并且认真倾听即可。温赖特还强调了姿态和举止的重要性，他建议你在为期一周的时间里保持直立、收腹、昂头，以微笑面对你遇到的人。基于诸多试验的结果，温赖特预计人们将热情地对待你，并且会尊重你，你会逐渐吸引更多的人。

人们认为有吸引力的人具有更积极的价值。模样好看的男人和女人，通常会被认为比吸引力稍逊的人更优秀、更善良、更诚实、更聪明。对照研究表明，人们会不辞劳苦地帮助有吸引力的同性或异性，因为他们想被模样好看的人喜欢和接受。

吸引力会对财务状况造成影响。就吸引力大小而言，吸引力较小的人要比相貌一般的人少赚 5%~10%，而相貌一般的人要比长得好看的人少赚 3%~8%。研究结果还表明，有吸引力的学生会从老师那里得到更多关注和更高评价。长得好看的患者能得到医生更加人性化的照顾。

幽默法则

人们认为，在社会交往中运用幽默的人更加讨人喜欢。此外，以轻松、愉快的方式进行人际互动，会同时增加信任度和吸引力。适当运用幽默可以减轻焦虑，营造轻松的氛围，有助于更快地建立关系。在调笑式的谈话中开一些无伤大雅的玩笑，有助于增进亲密度。当然，在任何语言沟通中，讲话者都必须确保所使用的话语或者述及的幽默是适当的，不至于被听众认作冒犯之举。

运用幽默的额外好处是，大笑能使身体产生内啡肽，从而让你获得良好的感觉，而根据“友谊黄金法则”，如果你能让别人获得良好的自我感觉，他们就会喜欢上你。喜欢某位男士的女性，会为他讲的笑话放声大笑，无论那则笑话多么蹩脚，而如果对方是她不够钟情的人，她发笑的频率和热烈程度都会降低。这种现象进一步支持了“友谊黄金法则”。

熟悉法则

我们与别人相遇和互动的次数越多，就越有可能与之成为朋友。行为科学家利昂·费斯廷格和他的两个同事对一幢二层小楼里的关系进行过研究。他们发现，邻居之间最有可能成为朋友；而不同楼层的住户最不可能成为朋友；那些靠近一楼楼梯和邮箱的住户与上下两层的住户都能成为朋友。

熟悉法则表明了趋近度（友谊公式的组成部分）对关系的重要影响。共享同一物理空间的人更有可能彼此吸引。趋近度能让一个人喜欢上另一个人，即使他们还没正式做自我介绍。基于教室座位图，我们就可以准确地预测哪些学生会相互吸引。在我的课堂上，我观察到邻座的学员更有可能成为朋友，而分别坐在教室两侧的学生则与之相反；在工作场所中，同样可以基于邻座关系预测员工之间是否可能发生爱情和友情。

老话“小别胜新婚”不一定正确。夫妻两人越是天各一方，他们婚姻解体的可能性就越大。

联合法则

当人们结合成一个大的群体时，群体之外的人往往会基于他们对这个群体的整体印象来评价这个群体中的单个成员。所以，当吸引力较小的人希望被认为具有较大吸引力时，他/她应该和有吸引力的人聚群；相反，如果有吸引力的人和没有吸引力的人聚群，他/她就有可能被别人认为缺乏吸引力。

成人的生活似乎从高中起就不再有大的变化。如果你想“受欢迎”，你就需要和受欢迎的人多交往。在商业背景下，这意味着要始终尝试“攀高枝儿”，而不是向下发展。你联合的对象很重要。如果你想被看作成功人士，你就得和成功人士待在一起。

当侧重于拿某人和另外一两个人做对比并进行观察，而不是关注大群体对其吸引力的影响时，联合法则会起到不同的作用。在这种情况下，如果某人想显得更有吸引力，就应该和吸引力较小的人聚群。这种现象有助于解释潜在买家参观样板房时的行为。他们早上离开自己舒适的家，花一整天时间参观样板房，然后回家。现在他们觉得自己的家不再具有吸引力了。他们的家之所以变得不那么有吸引力了，是因为他们拿它和刚刚看过的更加雅致的样板房做了对比。

自尊法则

人们喜欢与表现出高度自尊心的人联合。因此，这类人更容易吸引别人，更容易结交朋友。具有高度自尊心的人同时也很自信，对于成为关注焦点会表现得很坦然。他们还能坦然地进行自我披露，这是创建亲密个人关系的一部分。

对于具有高度自尊心的人来说，排斥是其生活的一部分，而不是对其自尊的反省。相反，低自尊的人不愿意披露个人信息。他们不进行自我披露，以此作为免遭批判和排斥的一种防御机制。自我披露是通向更密切关系的途径，但很不幸，对于低自尊的人来说，它是一条“僻路”。具有讽刺意味的是，惧怕自我披露反而会导致低自尊者力图避免的排斥行为。

自尊和傲慢之间存在着微妙的界限。傲慢的人往往有优越感，觉得自己与众不同。所以，他们被视为“不同寻常”之人，并最终导致与他人相互吸引的可能性显著降低，除非对方的态度和行为与之相似，也是傲慢之人。

在美国社会中，男性和女性对自尊有不同的定义。笼统地说，男人只要具备赚钱、吸引女性、拥有好车和房产等高价值物品的能力或潜在能力，就能获得自尊感和社会地位。与此相反，尽管美国市场正在经历重大变革，导致女性大学毕业生人数超过了男性，但许多女性通过展示其天生丽质、青春无敌、社会关系而获得自尊感和社会地位却依然是不争的事实。当游戏节目主持人要求参赛者简单地描述自己时，这些差异会更加明显。男性参赛者通常会按自己的职业进行描述（“我是一个电工”），而女性会按自己的人际关系做自我描述（“我是一个妻子，还是三个孩子的母亲”）。随着更多女性从家庭步入职场，她们也会开始用职业而不是人际关系识别自己。

在建立短期或长期浪漫关系方面，地位高的女性（年轻、漂亮）往往会和地位高的男性（潜在及可支配收入高）搭配。这种伴侣选择模式符合典型的搭配策略。男性选择年轻、漂亮的女性以保证优生优育，女性则选择可支配收入高的男性，以实现养育子女所需的安全感。低自尊的男性往往会选择不太漂亮的女性，低自尊的女性则往往会选择可支配收入较低、不太能赚钱的男性。

地位低的人有时会尽力“冒充”拥有较高地位之人，试图与“超出其阶层”的人建立关系。例如，一个男人可能冒充高收入者，以昂贵的礼物慷慨馈赠某个女人，开着自己负担不起的汽车，并且透支消费。这种策略尽管在短期内有效，但随着时间的推移，其最终结果通常是灾难性的，而无法为自己打圆场的求婚者终将原形毕露，被揭穿底牌。

稀缺性法则

人们会被自己无法轻易得到的人或物吸引。在涉及物的情况下，梦寐以求的东西更能吸引人们，因为它遥不可及。一旦得到了期待的东西，它的吸引力就会迅速减弱。圣诞礼物就是一个很好的例子。孩子们从树下的礼品盒里取出期待一年的玩具之后，过不了几天就会将其丢弃。稀缺性法则还适用于人际交往，尤其是在关系发展的初期阶段。你母亲信奉的约会原则有其科学价值：人们不应该随时迎合自己心目中的长期关系对象。一定程度的不迎合会让你显得更有神秘感、更具挑战性。

还记得引言中讨论的那个间谍弗拉基米尔吗？你或许记得，经过几天看报和陪他坐着之后，弗拉基米尔问我为什么每天都过来。我折起报纸，看着他说：“因为我想和你谈谈。”我随即又打开报纸继续看，把他晾在一边。这种行为进一步激发了弗拉基米尔的好奇心，并营造出稀缺感。弗拉基米尔终于下定决心和我谈谈，而我则继续予以忽视，以增强他谈话的动力。

应对逆反心理

家长们都明白这个法则！你越是不让孩子做什么，他们越是要做。我女儿十几岁时的行为就是对她妈妈和我的考验。有一次，她带了一个小伙子回家见我们。他的飞机头发型足有4英寸高，裸露在外的皮肤上布满文身，还把一辆摩托车停在我们的车道上。我友善地和他打招呼，没提我对他的真实感受，也没提我对女儿的择友能力有多失望。

第二天，我女儿问我对那个小伙子的看法。我想建议她永远别再见那个人了，但我知道，如果我加强限制，她就会更积极地和他继续约会。相反，我选择了以下策略。我告诉女儿，她妈妈和我教育她遇事要明智地判断，我们相信她的决定。如果她觉得那个小伙子很好，值得她一生拥有，我们就会支持她的决定。

我再也没有见到那个小伙子。

让我们快进10年。我女儿现在已经26岁了。我们坐在厨房里追忆她的童年。让我感到惊讶的是，她提到了那个小伙子。她承认，她把他带回家是为了让她妈妈和我发疯，因为我们犯了某种现在已被遗忘的过错。她还坦承，当我告诉她我相信她的判断，也知道她会做出正确决定时，她的良心受到了煎熬。她知道那个小伙子不适合自己，她不该把他带回家刁难我们。她说，她本想让我们发疯，但具有讽刺意味的是，最终她成了感到内疚的那个人。弄明白我的策略是否奏效花了10年时间，但当我得知它的确管用时，我感到非常欣慰。

岩石路法则

如果两人并非一见钟情（尤其是在浪漫的背景之下），而是在之后才走到一起的，他们建立的关系就会比一见钟情更加亲密。这种现象在浪漫喜剧电影里尤为常见。在常见的剧情中，一个男人遇到了一个女人。男人不喜欢女人，女人也不喜欢男人。当电影就要结束时，他们坠入了爱河。浪漫的岩石路往往通向一段轰轰烈烈的浪漫关系。

“冷落”上司

记得有一次，新来了一个上司。我没有像其他队友那样，张开双臂热烈地欢迎她。我刻意地与她保持了距离，表现出中性偏负面的身体语言。慢慢地，随着我们一次次的交谈，我开始释放较为积极的非语言信号。几个月后，我完成了逆转，我告诉她，我认为她是一位好上司，我钦佩她高超的管理能力。从那天起，我们建立了亲密的关系，比当时立刻接受她还要亲密。当我寻求稀缺的侦查资源、休假和其他好处时，这种亲密关系使我拥有了独特的优势。

差异化营销

科学和通俗文献差不多已经认定了数以百计的个性“类型”或者个性“特征”，它们指的是一个人在其日常行为中表现的持续行为模式。当有人说“那个人和我不是一类人”时，他或许是在评论那个人的外貌或者信仰（比如宗教或政治信仰）。不过，他们通常都是在指那个人的个性与自己不同。

在个人互动和发展短期或长期关系方面，外向和内向这两个普遍存在的个性类型尤其值得关注。

外向的人似乎比内向的人更有吸引力，因为他们被认为喜爱交际、充满自信。在建立任意类型的关系之前，了解你期待的见面对象倾向于外向还是内向非常有用，因为此类信息能让你知道有望遭遇何种行为类型。

如果你是一个外向的人，而你要见的人性格内向，那么你就有望发现你们两人在看待世界的方式方面存在内在差异。外向的人会从结交对象那里获取能量，从所处环境中寻找刺激。他们会毫不犹豫地运用试错法做出决定。与此相反，内向的人会在社交活动中耗尽能量，再寻找独处时间补充能量。内向的人会从内部寻找刺激，往往是想好再说。他们还会在做决定之前仔细权衡各种选项。

外向的人能维持各种各样的关系，不过，这些关系往往相对肤浅；而内向的人维持的关系很少，但它们都有相对深厚的特点。内向的人与外向的人约会，通常都是为了寻求更密切的关系，但外向的人却不愿意这么做。无法达到令双方都满意的承诺水平就会凸显差异性，最终将削弱他们对彼此的吸引力。

外向的人用意识流进行沟通，想到什么就会说什么。这种自发行为往往会让外向的人惹上麻烦，特别是在和习惯三思而行的内向之人打交道时。当外向的伙伴脱口说出被内向者视为个人隐私的信息时，内向的人更容易感到尴尬。如果你是一个内向的人，正在考虑和某个外向的人交往，那么当涉及他们不吐不快的话题时，要对突发事件做好意外防备。

一般来说，内向的人和外向的人在社交场合的行为是存在差异的，外向的人往往在众多陌生人面前较为开朗，而内向的人在面对一大群陌生人时往往会感到不适。不过，当内向的人有朋友陪伴，或者适应了所处环境时，他们就可以变得像外向的人那样开朗了（至少暂时是这样的）。

确定某人是否外向的一个方法是说出一个句子的开头，然后故意停顿几秒钟。外向的人通常会帮你说完这个句子，内向的人则不会这么做。同样的方法还能用来确定你是否已经和某个内向的人建立了融洽关系。当内向的人对交往对象感到满意时，他们往往会像外向的人那样说完整个句子。采用这种方法的不同之处在于，即便你不知道谈话对象是内向还是外向，你也能辨认出外向的人。为了测试和某个内向之人的融洽程度，你必须首先确定你的交谈对象确实内向。

我曾经花费数月调查一个案子。我为此煞费苦心，搜集了足以确定嫌疑人个性类型的个人履历信息。基于这些信息，我制定了一个符合嫌疑人个性的调查策略。行动成功的关键在于我们的秘书。她的任务是打电话给嫌疑人，从而启动这次行动。我和秘书进行了排练，直到她适应了自己的角色。她打了电话，但嫌疑人没有立即上钩。我鼓励秘书和嫌疑人随意交谈，消除他的顾虑。两人的谈话变得很随意，嫌疑人就放松了下来，不幸的是，秘书也放松了下来。当嫌疑人问秘书在哪里上班时，她脱口而出：“我在FBI工作。”秘密行动就此结束。这是真正的外向型风格。

如果你是一个推销员，你或许会在推销之前思考你的客户是外向型的，还是内向型的。一定要让你的内向型客户有时间考虑你的销售建议。内向的人会吸收信息，再三考虑，然后做出决定。催促内向的人快速做决定有可能导致他们拒绝交易，因为他们不适合快速地做出决定。相反，可以对外向的人施加一定的压力，催促他们“立即”购买你的产品，因为他们更适合做冲动型决定。

人们很少表现出完全外向型或内向型的特征。个性特征属于一个连续的统一体。一些人的确表现出了几乎同等程度的外向型和内向型特征；然而，大多数人要么偏外向，要么偏内向，他们的行为也存在相应的区别。

必要的时候，内向的人也可以表现出外向之人的行为。例如，如果内向之人的工作要求他们性格开朗并热爱交际，他们也是能够做到的，尽管和天生的外向之人相比，这样的行为方式会让他们感到格外吃力。此外，他们一旦离开工作场所，就会回归内向型。这些相反的生活方式很少发生冲突，因为一个人的工作世界和私人世界通常并不重叠。

当涉及个人关系时，就不能这么认为了。如果内向的人在初遇某人时表现出外向型行为，使关系得以持续，然后这个内向的人又恢复了自己的“正常”行为，那么往往就会令对方感到震惊。如果你希望发展健康、牢固的关系，就要在初次见到某人时展现自己的真实个性。

赞美法则

人们喜欢被赞美，因为这能让他们获得良好的自我感觉，而根据

“友谊黄金法则”，他们就会因此对你产生好感。其结果是：你会有更好的机会去结交朋友，或者强化现有的友谊。

想让赞美法则发挥作用，就应该真诚地赞美他人，并且被赞美的人也应该实至名归。言不由衷地赞美某人，或者被赞美者名不副实，会对建立良好关系起到反作用，而且是一种欺骗行为（信任的对立面）。

正如作家史蒂夫·古戴尔所说的：“真诚的赞美没有任何成本，却能实现巨大收益。在任何关系中，它们都是令人振奋的欢呼声。”一旦有机会，就要运用赞美法则。它能够发挥作用，是你的友谊工具箱里一件实用的工具。

5. 观察：在 10 分钟之内建立信任

无论是在婚姻还是在友谊中，交谈是一切相伴的最终纽带。

——奥斯卡·王尔德

在第2章里，你已经知道可以借助非语言沟通的方式结交朋友了。这些友好信号在某种程度上就像为你清障的扫雪车，可以让你接近自己感兴趣的人，给他/她留下美好的第一印象。不过，颔首微笑不足以维持某种关系，必须进行语言沟通。事实上，你的所言和所闻不仅能在交友中发挥巨大作用，还会影响所收获友情的长久度和深浅。

在通过语言沟通结交朋友方面，你至少应该谨记这一点：你越是鼓励别人讲话，越是倾听他们所说，表现出彼此共鸣，积极地回应对方的意见，别人就越有可能获得良好的自我感觉（“友谊黄金法则”），进而喜欢上你。这么做意味着，一旦我希望和你交朋友，我就会让你明白，我很在乎你不吐不快的所有肺腑之言，并会为你留足倾诉的时间。

错误的汇报

试看下列情形，这在世界各地的组织中时有发生，说明了语言沟通在确定关系效用方面的影响力，也说明了我们的语言何以在结交朋友和实现自身目标方面成败迥异。

刚从大学毕业的斯泰西在一家知名化学公司谋得了一个美差。凭借激情和技能，她能完成每一项指定任务。她持续跟进行业新动向，总是寻求更具成本效益的新技术，以提升公司的盈利水平。

斯泰西有一天发现了一个新方法，可以降低某种化学品的制造成本。这是一个重大突破，于是她直接去找经理，想报告她的这一发现。

当她进入经理的办公室时，她几乎抑制不住内心的兴奋，还没等坐下就连珠炮似的发布好消息："你一直在用完全错误的方法制造这种化学品。我发现了一种更廉价的新方法！"

让她大失所望的是，经理摆手示意，拒绝听取她的研究成果，还告诫她要专注于自己的本职工作。垂头丧气的斯泰西回到自己的小隔间，发誓再也不没事找事了。

很遗憾，斯泰西始终没明白她的主意为何被驳回。她的确是出于好意，但她表达自己想法的方式有些草率和欠妥。沟通不只是表达想法，还包括以现实的解决方案去表达想法。斯泰西没有考虑到有关成功沟通的一些基本心理原则。斯泰西在对经理的表述过程中犯了几个沟通错误，导致经理对她的想法不予理睬。

（1）"如果我是对的，那你就错了。"对于"我是对的""我的方法更好"之类的声明，人们很少会考虑其所做声明的质量。如果你是对的，就等于自动假设别人是错误的。如果你的方法更好，就等于自动假设别人的方法是更糟糕的。"我是对的，你就是错的"这种模式迫使人们出于保护自尊和荣誉等诸多原因而采取防守姿态，他们就不大可能考虑新想法，更别说予以采纳了。

（2）“我们”对“他们”，或者“我”对“你”。斯泰西使用了代词“你”和“我”。使用这些代词会造成一种对抗局面：“‘你’和‘我’”的模式导致了某人和他人互相对立。在斯泰西的例子中，她无意中制造了自己和经理之间的对抗关系。对抗性背景会造就赢家和输家。赢家实现征服，留下输家舔舐伤口。对抗关系会招致伴随负面情绪的竞争，不利于有效的沟通。

（3）认知失调。当一个人同时秉持两种或更多冲突性理念时，就会触发认知失调。一旦有人体验冲突失调，就会产生不愉快感。他们会变得沮丧、愤怒，并伴随心理失衡体验。在斯泰西的例子中，她无意中导致经理出现了认知失调。如果斯泰西是对的，她的经理就是错的。如果斯泰西是对的，她就很聪明，她的经理就没那么聪明。认知失调体验者有几个可供恢复平衡的选项。在斯泰西的例子中，她的经理可以承认她是对的，而自己是错的；或者，他可以尝试让斯泰西相信他的方法是对的，而她的方法并不可行。最后，他可以直接驳回斯泰西，因为她是一个不成熟的好心员工，他需要提醒她做好自己的本职工作。斯泰西的经理选择后者来解决他的失调问题。一旦有人体验认知失调，很少能够产生积极的结果。

（4）自尊。人们很自然地会以自我为中心，认为地球围绕自己旋转。当斯泰西使用“我”这个词时，她体现的是自我关

> 注。她凌驾于经理之上，从而无意中伤害了他的自尊。面对这样一种挑战，他的思考过程是可以预见的。“我当了20年经理。这个经验欠缺、自以为是的大学生把自己当成什么人了？她需要积累一些经验，然后才能闯进我的办公室，指出我20年来一直在走弯路。她需要回到自己的小隔间，遵照吩咐做事。”在这种情况下，经理的自尊战胜了常识以及对公司至关重要的账面盈利。自尊所伤害的人数和扼杀的好主意比人们愿意承认的还要多。

尊重为先

斯泰西不应该说：“你一直在用完全错误的方法制造这种化学品。我发现了一种更廉价的新方法。”她应该采用合乎心理学的原则来进行沟通。要把自己的重大突破告诉经理，可以采用一种更为恰当的方式：

“先生，有一种方法可以增加我们公司的盈利，我想征求你的意见。”

称呼经理“先生”体现了对他的尊重，表明斯泰西把经理视为上级。引导语“我想征求你对某事的意见……”达到了五个目的。第一，斯泰西营造了一个包容性环境。经理觉得自己似乎融入了这个过程。第二，避免了认知失调，从而增加了经理愿意接受新方法的可能性。第三，经理的自我关注幻觉得以支持。经理可能会想：“斯泰西当然是在征求我的意见，因为我很聪明，我还有20年的工作经验。”第四，这种引导语可以培养一种师徒关系。如果做到这一点，那么斯泰西的成功也就成了经理的成功。第五，体现对经理的尊重并认可其专业知识能让他获得良好的自我感觉。这能让“友谊黄金法则”发挥作用。

喜欢你的人可能更愿意接受你的建议。“我们的公司”这样的用语表明斯泰西具有组织归属感，是团队的一员。“增加我们公司的盈利”这种说法很有吸引力，如果将盈利增加归功于经理的话，就更是如此了。一旦经理给出建议，他就拥有了这个主意或所建议项目的部分所有权。一旦人们觉得自己似乎是某个好主意或好项目的所有人之一，他们就会积极地推进这件事。

荣耀易逝，声誉长存

斯泰西用我们推荐的语句和经理谈话的消极一面，是她必须和经理分享这份“荣耀美食”。乍看起来，这似乎既不公平，又不惬意，因为主意是斯泰西想出来的，她觉得自己应该（理所当然地）独揽功劳。问题是，人们很少顾及分享荣耀的好处：声誉。荣耀易逝，声誉长存。一个好主意可以生成一个大蛋糕，然后可以分成好多份。将这些小块蛋糕慷慨地分发给别人，能够提高别人对你的好感度，令大家心存感激。在你需要的时候，他们就会成为你的盟友，助你一路成功。

积极倾听

倾听对方的谈话内容可能难以实现，尤其是对于外向型的人来说。他们忙着思考自己要说的话，会打断发言人，或者任由自己的思想开小差，几乎没听到对方的谈话内容。显然，如果没有接收、处理对方的信息，就无法做出有效的回应。人们是否真的有可能“阻断”某人的讲话，拒绝听取呢？是的。半个多世纪前进行的实验证明了这一点。

心理学家做了一些非常奇怪且具有道德争议性的动物试验。在这项特别调查中，研究人员在一只猫的大脑听觉区植入电极。然后他们有几天时间不喂猫吃食，猫的状况还好，只是很饿。一旦猫陷入沉迷和极度饥饿的状态，它就会被放进一个配备了节拍器的房间，这种仪器能以固定的频率进行击打。这个房间里还有一台示波器，可以将声音转化为在屏幕上显示的光点，这种方式类似于用移动纸条上的峰值代表心跳。

发生了什么呢？节拍器每次击打，都会被植入猫体的电极捕捉，同时显示在示波器屏幕上。这说明猫听到了击打声。这真的不是一个令人瞩目的实验，你可能会想：不值得为此剥夺猫的食物，并让它接受手术。

但是实验不仅如此，这也正是它的有趣之处。一只老鼠被带进了房间。猫立刻把注意力转向了这顿潜在的美餐，带着强烈的兴趣注视着这只啮齿动物的一举一动。令人震惊的一幕发生了：示波器屏幕竟然显示出一条直线！节拍器仍在敲击，猫的耳朵依然听到了声音，但不知何故，这个动物竟在大脑层面阻断了声音。这只猫基本上听不到节拍器的嘀嗒声了——它如此专注于那只老鼠，以至于能够阻断它正在“听到”的声音。

猫是这样，人也如此。我们能够阻断别人的讲话内容。最终的结果是：一个人对别人讲话，却不能保证对方听到了讲话内容。

确保你听到某人讲话内容的方法，是注意他们的语言表达，这被称为有效倾听。如果你想以语言行为作为工具来建立新关系，就应该对此加以练习。

如果要通过语言行为确定并建立新关系，你可以借鉴LOVE（Listen—倾听，Observe—观察，Vocalize—表达，Empathize—移情）法。这个首字母缩略词囊括了四个法则，如果你想尽可能地提高自己运用沟通方法结交朋友的概率，就应该遵循这些法则。

法则1：注意倾听对方讲话，以便充分了解对方所讲的内容

倾听并不只是在关注对象讲话时保持安静，而是要全神贯注于讲话内容。我们的思考速度大约可以达到正常讲话速度的4倍，这很容易诱使我们心不在焉，胡思乱想。我们要抵制这种诱惑。

发言人能注意到对方没在听讲。要想专注于发言人的讲话，同时用非语言方式将你正专注于谈话内容这一事实传达给发言人，最好的方法就是保持眼神接触。这也是一个友好信号，有助于形成坚实的关系纽带。要做到这一点，你不必紧盯着发言人，不过，要把大约2/3或3/4的听讲时间用于保持与发言人的眼神接触，从而确立适当的连接度，并表明你在同步接收讲话内容。尽量予以配合，不要打断发言人的讲话。外向

的人尤其要注意这一点，因为他们往往会和发言人抢话头，事实上也往往会叫停对方的讲话，加快发言轮换过程。

人们喜欢任由自己发言的人，尤其是在他们谈论自己的时候。正如一位作家所说的：“朋友是不可多得的，他们会问你怎样，然后耐心地倾听你的回答。”这是睿智的忠告！

移情表述是证明你在倾听对方的完美工具。为了组织一次良好的移情表述，你必须倾听对方的发言内容，或者注意他们的情感或身体特征。复述发言人的讲话内容，能让你把焦点放在对方身上。例如，你在百货商店需要帮助，而你发现售货员看起来很累，你就有可能得不到想要的服务。为了提高得到更好服务的概率，你可以运用移情表述，比如“你看起来忙了一天了”或者“真是漫长的一天，看来你准备回家了”。这些移情表述会向售货员表明，你花时间关注了他们的个人特征，更重要的是，你让他们获得了良好的自我感觉。在随意的交谈中，人们往往不在意对方说些什么。即便是乏味的谈话，也可以用移情表述为其增色。例如，你的同事正兴高采烈地谈论他周末的湖畔之旅。除非你和他一起去过，否则你不会对这次经历感兴趣。诸如“听起来你真的很享受你的旅行”的移情表述，会让发言人明白你在倾听，而且对他/她所讲的内容颇感兴趣。移情表述是谈话的佐料。如果你养成了运用移情表述的习惯，你将迫使自己更认真地倾听对方讲话。这么做的结果是，他们获得了良好的自我感觉，并且喜欢上了你。

请记住，人们喜欢谈论自己，并会在别人倾听自己的思想表达时获得良好的自我感觉，这又把我们带回了“友谊黄金法则”。如果你能让某人获得良好的自我感觉，他们往往会更喜欢你，更愿意接受你作为他们的朋友。

《在 10 分钟之内建立信任》是一篇文章的标题，作者是麻醉学家斯科特·芬克尔斯坦。他在文中描述了每天面对生死问题时的感受，并强调了医患沟通在处理医疗危机过程中的重要意义。“我对每个患者都充分重视，”芬克尔斯坦博士解释说，“我与患者保持眼神接触。我倾听并确认他们的感受……恐惧消失了。于是，他们对我产生了信任。所有这些都发生在 10 分钟之内。”

给别人说话的机会，倾听他们的讲话，不去打断，用非语言方式暗示对方你对谈话内容感兴趣，这些做法可能会带来重大的变化，无论是得到患者的信任，还是收获某个人的友情。

法则 2：观察。在所有语言互动中，一定要在接收和发送信息之前、期间、之后观察对方

每当你和另一个人互动时，沟通都会在两个层面发生：语言层面和非语言层面。在发生语言互动之前、期间和之后观察对方的非语言信号和身体语言非常重要，因为它们能充当晴雨表，可以判断谈话是否适当，持续性谈话的进展如何，谈话结

束时造成了什么影响，还能在语言交流的某一方发现有些谈话内容令人反感时发出警报。后仰、双臂交叉于胸前、紧抿双唇是很好的非语言指标，表明谈话不太受欢迎。人们往往会和自己不喜欢看到或听到的东西保持距离。这和我们此前讨论过的身体前倾的非语言线索恰好相反。双臂交叉于胸前是一种阻拦的姿态，可能表明此人要象征性或实质性地阻断他们看到或听到的东西。其他的游离信号有：四下打量房间，同时低头看自己的手表，似乎在说“时间到了”，或者把脚、身体或两者同时转向大门或房间的其他位置。当你看到对方开始游离谈话时，要转变话题。你可能花费了太多的时间来谈论自己，从而未能关注对方。

警惕“话语地雷”

在尝试对话之前就开始观察非语言行为是非常重要的。当然，观察的重要性不止于此。如果某人发出的开始一段对话的非语言信号是恰当的，那么就让谈话开始。只是不要把它作为终止观察的理由！在语言互动的过程中持续观察是至关重要的，因为你可以发现容易被忽视的所有潜在问题。

当涉及“话语地雷”时，这一点尤为正确。

话语对于不同的人来说意味着不同的意思。在使用这些话语时，它们有可能像地雷那样炸碎正在发展的关系。当谈话一方被某种“话语地雷”冒犯时，他/她通常不会说出自己的不满，而会直接启动脱离和/或退出关系的进程。不过，他们的非语言行为通常会表现出有关言语失当的明显迹象。他们会不寒而栗，露出震惊或惊讶的面部表情，或者后退一步。正在处理语言和非语言层面信息的人捕获这些信号后，通常会采取补救措施，询问谈话内容是否有所冒犯，如果是，他们就会向听讲者保证这绝对不是他们的本意。进一步审视冒犯性话语对双方意味着什么，通常可以消除所有不良的感受，并从积极的方面重启对话。“话语地雷”的风险在于，人们不明白对方给其他无害话语附加的情感意义。

一个朋友在给一组研讨会与会者讲面试技巧时，就某个问题提道：“人们需要多听少说。上帝给你两只耳朵、一张嘴就是证明，所以你每听两次才能说一次。”

午餐休息时，会议主持人走进宴会厅通知我的朋友，平等就业机会委员会已经向他提出了一项指控，而她就是来调查真实情况的。我的朋友目瞪口呆，想不出谁会提出这样的指控，也不知道他们这么做的原因。

原来，有位与会者的儿子天生只有一只耳朵，当我的朋友提到“两只耳朵、一张嘴”时，这位父亲认为我的朋友是在取笑他的孩子。

我的朋友听说了事情的来龙去脉，便向主持人解释说，他的观点就是一个流传了几十年的老套话，根本没有蔑视任何人的意思。

主持人不为所动。“如果那位父亲生气了，”她说，“我们需要面对的就是他对这件事的看法，无论你觉得这种做法是不是冒犯之举。”

我的朋友觉得整件事非常可笑。他认为自己没做错什么，当然不想为自己认为完全可以接受的话语向那位父亲道歉。

主持人不依不饶。“如果你想保住这份咨询工作，你就得向那位父亲道歉。”

面对这样的最后通牒，我的朋友做出了谨慎的决定——向那位悲痛欲绝的父亲道歉。

有效沟通

教室似乎提供了一个特别有利的环境，可以用“话语地雷”去恐吓始料未及的授课人。这里有两个原因：当前学生的多元化，以及任何特定课程都有大量听众。当涉及种族问题时，教师们必须小心翼翼地推进授课内容，谨慎地使用对不同学生有不同意味的单词或短语，以免触发“话语地雷”。我有一次上课时无法启动自己的笔记本电脑，每次打开都是黑屏。于是我问我的学生：“谁知道怎么才能让它开机吗？”一个学生点了点头，走到笔记本电脑前，调整了一下机器，再把它还给我。我说：“哦，屏幕变白了，白色至少要比黑色好。”

教室里的一名黑人学生立刻攻击我的观点。“我听到你说‘白色比黑色好’，”他说，“这是种族主义言论。”

我无意制造种族歧视。我的头脑里从来没有纠结过种族问题。我急于让我的笔记本电脑开机，以便开始讲课。我的评论仅仅涉及笔记本电脑的操作问题。黑屏表明笔记本电脑没能开机，白屏表明笔记本电脑正在开机。换句话说，正在开机的笔记本电脑要好过开不了机的笔记本电脑。然而，我的学生从不同的角度听取了我的评论，从而引发了严重的情绪反应。这就是“话语地雷”的天性和危险所在。

有位教师给我讲了另一个很好的相关例子。她教国际管理专业课程，这意味着有很多听课者来自其他国家。大约在期中的一节课上，有一位美国男生走到另一个男同学面前，打招呼说：“你好吗，狗哥？”对方几乎要用拳头砸烂他的嘴。原来，这个愤怒的学生来自中东，那里认为被人以“狗”相称是极大的侮辱。

“话语地雷”需要我们保持警惕，做好快速、果断处理受损关系的准备，最大限度地减少任何损害。这句话值得重申：“话语地雷”的风险在于，人们不明白对方给其他无害话语附加的情感意义。因此，对于什么时候会“触发”某个“话语地雷”，他们一无所知，正如此前提到的，发言人没在观察听讲者，可能意识不到自己侮辱或冒犯了对方。

即使大多数发言人真的意识到自己引起了听讲者的负面反应，他们也不会去尝试化解困境，而往往会以防守姿态应对突如其来的情绪暴发，不幸的是，这只能加剧对方的初步反应。踩上“话语地雷”，并在面对愤怒的听讲者时保守应对的发言人，往往被认为不够敏感，并且缺少恻隐之心。另外，发言人往往会感到迷茫，不知道用什么行动和话语去应对听讲者的情绪暴发。

移情表述是应对“话语地雷”爆破的最佳方法，它能捕捉对方的感受，并运用并行语言向对方反馈。移情表述即确认对方的感受，而无须继续被动地应对。

回忆前面的章节可知，组织移情表述的基本公式是“那么你……”，这个基本方法能保持对对方的关注，而不以踩到“话语地雷”的人为焦点。人们往往会脱口而出“我理解你的感受”之类的话，而这往往导致对方下意识地认为：“不，你不知道我的感受，因为你不是我。”

移情表述允许人们宣泄自己的情绪。一旦郁结的情绪得以发泄，谈话通常可以回归正常的信息沟通。避免与情绪化的人激烈争论，能增加维持并发展关系的概率。

一旦你踩上了“话语地雷”，就要从中吸取教训。一定要在头脑中插上一面红旗，以避免将来发生类似情况。遗憾的是，未来不可能避免“话语地雷”问题。事实上，我们生活的虚拟世界里充斥着危险的“话语地雷”，你永远无法确定什么时候会踩上一个。当语言领域里散布着已知和隐藏的“话语地雷”时，个人关系将更加难以启动和维护。

沟通意外有可能在未来增多，因为人们越来越依赖短信、电子邮件、网络论坛等电子媒体进行沟通。构成高兴、眨眼或惊讶表情的括号、句号、逗号等符号往往会起到断句的作用，为读者提供超出真实沟通意思的其他线索。表情符号也可用于标明信息。我记得在短信开始流行时给女儿发过信息。她用字母“LOL”回复了我的一条短信。我回复说：“我也爱你。”她的回复是：“哈哈，LOL是大笑（laugh out loud）的意思。”我回复：“我以为是指‘很多的爱’（lots of love）。”她的最后回复是：“我也爱你，爸爸。”我和女儿的沟通失误以笑声结束，但它证明，如果没有非语言线索引导谈话，就会冒错误表达的风险。当你使用电子媒体进行沟通时，如果希望避免可能出现的错误表达，就不要用嘲讽、掩饰或是具有双重意思的字句。

在一个充斥着“话语地雷”的世界里，保持有效语言沟通的最佳途径是：

（1）在你开口讲话之前考虑自己的措辞。提前“扫描”你希望从发言中排除的潜在“话语地雷”。

（2）讲话时观察听众的所有异常反应。如果有的话，就表明你已经踩上了某个“话语地雷”。

（3）如果有听众对你使用“话语地雷”（即使你没有意识到它的存在）的反应强烈，不要防守或者动怒。

（4）立即花时间弄清听讲者是否对某个“话语地雷”爆炸的结果感到不适。如果对方感到不适，你就要为使用相关单词或短语表示歉意，解释你不知道它对听讲者而言的负面含义，并向对方保证不再继续使用此类语句。然后，你要确保自己真的不再使用此类语句。

蹙唇（有意反驳）

没有人会读心术，但人们可以通过观察非语言线索尽可能地了解对方的心思。一些非语言线索相对明显。明显的线索更容易被观察者发现并解读。同样地，明显的线索更容易被发言人把握，用于掩饰自己的真实想法。嘴唇是可以泄露这些微妙线索的身体部位之一。

蹙唇是几乎察觉不到的唇部轻微起皱或嘟起（见下页照片）。这个姿态释放的是有异议和不认同的信号。蹙唇越明显，有异议或不认同的程度越深。蹙唇意味着此人已经在头脑中形成了与所讲内容或所采取行动截然相反的想法。

了解一个人的想法能给你带来优势。其诀窍是，在人们有机会表达反对意见之前转变他们的想法。一旦有人明确表达了某种意见或做出了某种决定，根据一致性心理学原则，要改变他的看法会更加困难。决策过程会导致某种程度的紧张感。

一个人做出决定后，紧张感就会消失。要改变人们的想法不太可能，因为这等于承认他们最初的决定很糟糕，从而再次导致紧张感。相比重新经历决策过程，保持前后一致的立场不至于让人那么紧张，不管需要做出转变的论据有多么充分。换句话说，一旦人们发表了意见，他们往往要和这个意见保持一致。

蹙唇

你在和配偶、同事、朋友交谈时，观察蹙唇信号也很有用，因为这种普遍的非语言线索可以告诉我们对方在想些什么。不过，蹙唇并非一个敌意信号，一个人很喜欢你，但还是可以蹙唇。

我们再次强调一下，为什么留意并观察蹙唇线索如此重要：一旦某人对你的想法或建议明确地说“不”，或者发表了负面评论，“一致性”原则就开始发挥作用，意味着听讲者现在很难背弃他们的语言回应，并很难改变他们的想法了。蹙唇线索能让你发现即将出现的负面回应，让你有机会在对方说出口之前予以应对，说服对方接受你的看法或计划。

你可以利用这个非语言线索帮助你在工作和生活中增强语言的有效性。举个例子，仔细想一下你要对妻子说的这句话：“亲爱的，我可以向你证明，我们买得起渔船（或其他你想购买的物件），我可以去钓鱼。”

现在，由于即将提出自己的财务论据，你会看到妻子的蹙唇动作。她的大脑里已经酝酿好了一个句子，是用来反驳你的论点的。（她的蹙唇动作是要告诉你，她不希望你花她的钱！）你现在很清楚，你必须在她表达异议之前摆出更多理由；否则的话，她一旦说出反对意见，你将更加难以如愿以偿，得不到你想买的渔船或是任何其他大件物品。女士们，这个技巧同样适用于男人。

在工作中，我往往要为自己希望开展的某些行动争取资金或人力支持。我记得有一次向上司解释某个项目需要资金投入的原因，我看到他有了蹙唇动作。我知道他想出了反驳我意见的措辞，我必须在他有机会说“不”之前转变他的想法。

为了提前阻断反驳意见，我运用了移情表述法。“领导，我敢打赌，你认为这个主意不可行，不过还是让我解释一下吧。”我很清楚上司在哪个问题上有异议，因为他是在我做具体阐述时蹙唇的。我知道是什么让他感到为难，我做出的声明也为我争取了一些时间，可以回应他关心的方面，让他相信我的想法是有价值的，这些都要在他发表任何语言声明之前进行，因为一旦他公开做出了声明，局面就难以逆转了。

下次你在向上司提交计划或提出建议时，要留意其蹙唇动作。如果你的上司在你陈述时蹙唇，你就能知道他/她已经形成了反对你提议的想法。一旦看到蹙唇动作，你就应该尝试在你的上司发表反对意见之前转变其想法。要做好运用移情表述的准备。试试这种表达方法：“那么，也就是说你认为我说的没什么意义。如果我们稍做回顾，你就会明白我的提议是最好的行动方案。”你要确认上司心存疑虑并提出反驳意见，以便在他发表负面看法之前转变他的思想。

咬唇（有话想说）

“读心”的另一个技巧是留意咬唇线索。咬唇是用牙齿轻咬或轻扯上嘴唇或下嘴唇。这种非语言姿态表明：此人有话要说，但因为各种原因正在犹豫。因此，“咬住你的嘴唇”这句古老的格言依然有效，它是指闭紧嘴巴，什么也别说。我经常在讲课时看到学生做咬唇动作，我会把它当作组织移情表述的信号，告诉对方“看来你想补充一下讲话内容”，以鼓励学生发表自己的看法。大多数学生都很吃惊，因为我能读懂他们的心思，而且由于我在关注他们，他们会获得良好的自我感觉。

咬唇

敛唇（不愿说出）

敛唇和咬唇的意思相似，但有更消极的含义，当上嘴唇和下嘴唇紧压在一起时，就会出现敛唇动作：表明你的谈话对象有话要说，但又不愿意说。在嫌疑人招供之前，我经常能看到敛唇动作。嫌疑人想说些什么，但他们收敛了双唇，免得有话脱口而出。

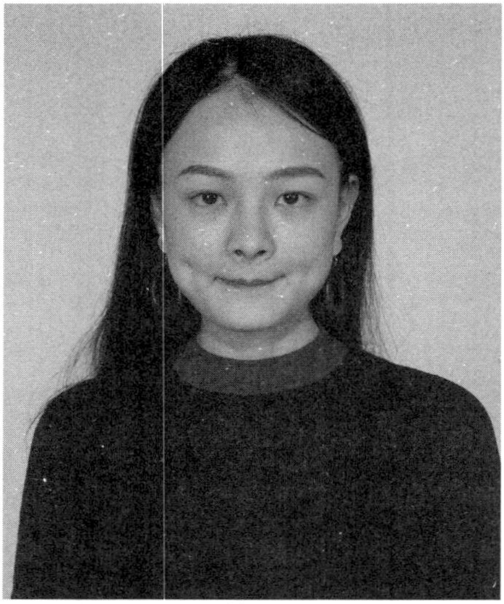

敛唇

触碰嘴唇（不愿讨论）

用手、手指、铅笔或其他物体触碰自己的嘴唇，表明此人不适应正在讨论的话题。刺激嘴唇能使人的注意力瞬间脱离敏感话题，从而减轻焦虑感。嫌疑人往往在无意中给我释放信号，表明我刚刚提出的问题是一个敏感话题，或者让他们感到了不适。每当发现这种无声的暗示，我就会组织一个移情表述来进一步探究这个话题，比如“你似乎有点儿不愿意谈论这个话题”。嫌疑人会承认或者否认他们不适应，而且会在大多数情况下为他们的感受进行辩解。

这种自我触碰可有效应用于业务和社交场合。例如，你在一对一销售会议上演示一种新产品时，看到你的客户在用手指轻刮自己的嘴唇，你就要注意了。一旦你看到这种非语言线索，就应该组织一个移情表述，比如“信息量可能过大了，因为你们以前从没用过这种产品”，从而让客户表达针对你所提供的产品或服务的任何关切或疑虑。一旦你确认了客户具体关心的是什么，你就可以调整销售演示，更有效地销售你的产品或服务。

触碰嘴唇证明此人感到不安或不适

在社交场合，你可以通过观察你的谈话对象来避免尴尬时刻。如果你引入了一个敏感话题，然后发现对方在蹙唇或敛唇，你最好采取明智之举，在给对方造成更大伤害之前转变话题。一旦你和对方建立了充分的融洽关系，你就可以安全地回归那个话题了。

法则 3：发言。你的发言方式和发言内容将影响你结交朋友并保持关系的效果

你的讲话方式有时会和信息本身一样重要。尤其要注意你的语气，它能向听讲者传递与讲话内容无关的信息。例如，与讲话的内容相比，语气更能传达吸引力和兴趣。

你的讲话方式会影响别人对你所传递的信息……和你本人的看法。语气可以传递话语本身无法传递的信息。低沉、缓慢的声音能传递浪漫情趣，尖锐的声音可以传递惊讶或怀疑的信息，大嗓门会给人留下傲慢的印象。你使用的语气既可以拉近你与他人的距离，又可以让人避之唯恐不及。

你讲话的速度也能控制谈话节奏。快速讲话会为谈话增添紧迫感，或者成为终止无聊交流的提示信号。拉长发音可能表明感兴趣。电影中的男演员往往把问候语“嗨”拉得很长，以此来释放爱意信号。相反，轻缓的单调发音表明听讲者缺乏兴趣，或者在发言人面前极度害羞。带有正常转调的轻缓发音传达的则是同情的信息。我经常在葬礼上或悲剧中听到这类沟通语调。

大多数家长都会学着用转调来控制自己孩子的行为。我和孩子讲话时，经常用低沉、舒缓的声音表达我的不满情绪。和许多父母一样，如果我感到极度不满，就会拉长孩子的姓

名——包括中间名的发音——以加强效果。一声简短、清脆的“好”则表示赞同。

语气传递的是你信息中的情感部分。我有芝加哥口音，说话声音往往很短促。在芝加哥时，说话声音短促不会被人注意，因为每个人都这样说话。然而，当我到美国其他地方旅行时，人们认为说话声音短促代表傲慢和不屑。如果不伴随特别的语气，以便听讲者明白信息中另有隐藏意思，那么即便是讽刺的话语也会被误解。这就是为什么我们应该在电子邮件和短信中避免使用讽刺语。

语调也在对话性话轮替换中发挥着很大的作用。在句子结束时降低声调，表明你结束了发言，现在轮到别人讲话了。如果发言人在句子结束时降低声调，然后又继续讲话，听讲者会变得沮丧，因为他们误以为轮到自己发言了。支配谈话违反了“友谊黄金法则”，它把焦点放在了自己而不是别人的身上。

相反，在你的关注对象尚未释放任何语言“话轮放弃信号”时就替换发言，即便他/她已经说完了一个句子，也会阻碍你们之间友谊的发展。违反谈话规矩会导致愤怒，对友谊发展造成不利影响。

养成稍做停顿再开口讲话的习惯，尤其是如果你是性格外向的人。这样的停顿能让内向的人有机会归纳自己的想法。记住，内向的人往往会在开口讲话之前进行思考。如果你打断他们的思考过程，他们往往会变得沮丧，并因此降低对你的喜欢程度。停顿也会让外向的人有暇思考他们要表达的内容。这个习惯曾在无数尴尬时刻拯救了我。

语言得体

语言得体似乎是常识，在一定程度上的确如此。这部分内容的重点是在交朋友或维持友谊的过程中，你也许不会谈及的特定内容和不会采用的谈论方式。这里有一些语言策略，你可以在日常生活中用于结交或维持朋友关系。你有可能忽略或轻视这些策略，这不利于你与朋友之间的关系。

策略1：当你是对的而对方是错的时，要注意保全对方的面子，让对方在满足你的要求的同时，承受最低限度的尴尬或羞辱。如果你替对方着想，他们就会更喜欢你。

人类有正确行事的内在需求，但正确行事会带来一些意想不到的后果。如果正确的人不让失误者以体面的方式从相关情形中脱身，丧失友情就是其中一个后果。

我的这个认识来之不易，当时我在给一群负责假释和缓刑的警官做报告写作方面的讲座。讲座开始前，我和几个参与者讨论他们现在的报告写作经验。一位学员认定自己的主管是一位写作大师，另一位学员表示同意，并发表了各种评论，比如："他确实很懂行"，"他是一位写作大师"，"他能让我们用不同的语句表达同样的意思"，"我不知道没有他该怎么办"。

我瞥了一眼主管。他正眼睛放光，得意扬扬地笑。这段对话和主管的反应是一面红旗，我意识到这些为时已晚。主管的自尊被这个小组的语法大师身份所包裹。他对于这个机构的价值，也源于他作为杰出写作者的声誉。

我在讲课过程中演示了一种简单、有效的报告写作方法，旨在模拟FBI的格式制作同类文件。几位参与者声称他们要着手应用这种模式，因为该模式更加简便，也能降低他们的报告被法庭质疑的概率。

当那位主管提出抗议时，我大吃一惊。他指出，我讲的写作方法或许适用于FBI，但不适合他的机构。他宣称自己主修大学英语，认为使用同义词的创意报告比反复使用同样字句的报告更有趣。接下来，我犯了一个致命的错误，我让这位主管参与自发性角色扮演，想证明我是对的，而他是错的。我问他，关于动词"说"（said），他可以使用哪些同义词。他提供了以下选项："告诉"（told）、"解释"（explained）、"提及"（mentioned）。我打断了他，然后要他扮演法庭证人，而我将扮演辩护律师。他同意了。我们的对话是这样的。

我（辩护律师）：警官，请定义你在报告中使用的单词"陈述"（stated）。

主管（警官）：明确表达某个事实。

我（辩护律师）：谢谢你，警官。你如何定义你报告中使用的单词"解释"（explained）？

主管（警官）：谈论。

我（辩护律师）：谢谢你，警官。那么你写的是，我的委托人最初说的话是确定的，而我的委托人说的第二件事情并不确定。

主管（警官）：不，我不是那个意思。嫌疑人说的两件事情都很确定。

我（辩护律师）：你写的可不是这样的。根据你自己对单词“说”和“解释”的定义，你是说第一个陈述是确定的，第二个陈述并不确定。对不对？

主管（警官）：不，两个陈述都是确定的。

我（辩护律师）：如果两个陈述都是确定的，你为什么不在两个句子中都使用单词“说”？

主管（警官）：我不知道。

我获胜了，但这是一次代价惨重的胜利。“我必须是正确的”这一理念，让一切都变得糟糕。从那时起，教室里明显充斥着紧张的情绪。我迫使学员在更有效的写作方法和那位主管不太有效的写作方法之间直接做出选择。当然，他们肯定是站在他们主管那边的。

在美国，各地的办公场所和家庭里每天都会发生因“正确行事”而导致的意外后果。我们无意疏远自己的上司、同事、朋友、配偶，却造成了不必要的冲突和压力。

有一个更好的方法。你既可以正确行事，又不必归咎于他人。你不必主张自己是正确的，而是征求对方的意见，这样能让他们参与决策进程。此外，他们会获得良好的自我感觉，因为你征求了他们的意见，这能增强他们的荣誉感。

运用这种“求教”策略，你仍然可以正确行事，得到你想要的结果，并维持（或增进）与对方的友谊，因为他们现在能够以顾全面子的方式维护自己的尊严，避免被认为是“错的”。

下面是一段发生在下属和上司之间的对话，旨在说明征求建议的技巧。这位下属在上司最近拟制的一项存有争议的政策中发现了一处错误。她没有凭借“正确”这张王牌去打击上司，而是去征求他的意见。

下属：能占用您一分钟时间吗，老板？

上司：当然，什么事？

下属：我在温习您拟制的最新政策并注意到一件事。我希望听听您对此事的意见。

上司：好的。我看看。

下属现在可以指出政策的偏差之处了，而她的上司也得以体面地澄清了自己的错误。

推销员在遇到长期客户或新客户时可以运用同样的技巧。教科书出版商的销售代表会定期拜访我，意在推销新教材。他们不是运用具有针对性的推销方法，而是告诉我，他们的书比我正在使用的教材要好。销售代表或许是正确的，但这样的方式会导致意外的后果。这位销售代表是在暗示我对教材的判断能力很糟糕。这种认识不会让我获得良好的自我感觉。销售代表可以先做自我介绍，然后说：“教授，这是一本专供您课堂使用的新书，我想听听您的相关建议。”

保全面子的技巧

作为一名FBI特工，当我正要飞往某处享受盼望已久的假期时，我总是担心会接到命令，要求我对付某个不守规矩的乘客，或是处理一场危机。好吧，这件事发生在早上6点飞离洛杉矶的航班上。我已经登机，安静地坐在自己的座位上，这时一位空姐过来说，飞机后部有一位醉酒的乘客，机长想把他赶下飞机。我四下打量，果然有一位乘客在通道里晃来晃去，另一位空姐正在大声地对他说：“请你快下飞机。”要想平息此事没那么容易。站在我旁边的空姐对我说：“你是FBI特工，请把他弄下飞机吧。”

我想：“我不妨动用一点儿培训技巧。”于是，我走到那个人身边，他正靠着座位站在那里。我告诉他，我是FBI特工，并向他出示了我的徽章和证件，然后提议我们两个坐下来谈谈。他还没醉到听不懂我说话的地步，于是坐了下来，我也侧身坐进了他旁边的座位。

我用其他乘客难以听到的柔和声音说：“最终你还是要下飞机的。机长说让你下去，你就得下去。现在，你有两个选择。要么你保持自己的尊严走下去，到航站楼时提出投诉，然后乘坐稍晚的航班完成你的达拉斯之旅……要么我逮捕你，给你戴上手铐，将你强行带下飞机。然后你会被拘留，还得想办法把自己保释出去，然后回到这里接受审判，或许会被判处监禁。”我继续对他耳语道：“所以，先生，选择权在你。我会让你自己做决定。给你几秒钟权衡一下。你想怎么做？”

这位乘客很快就回答说：“我要下飞机，去投诉，然后乘坐另一架飞机。”

我说：“我认为这是一个非常明智的决定。来吧，我很高兴带你下飞机。”

我把那人送到航站楼，然后又回到了我的座位。此前和我讲话的那位空姐走了过来，想知道我是怎样和平解决这个棘手的对峙局面的。我告诉她，我给那位乘客提供了自行选择的机会。

我给了他机会，让他觉得自己对局面有一定程度的控制权，他能自由选择自己的命运。而且更重要的是，我为他提供了可以保全面子的离开方式，把尴尬程度降到了最低。

把选择权留给对方

让人们觉得自己对局面拥有一定程度的控制权，可以产生惊人的效果，即便对孩子而言也是如此。事实上，父母可以利用这个方法帮孩子做决定，尤其是在孩子年幼时。儿童和成人一样，渴望似乎能控制自己生活的感觉。如果家长给孩子机会去选择自己的命运，这种“控制错觉”就能得以传递。“控制错觉”传递可以在不丧失家长权威的情况下实现。例如，你要带儿子吃午餐。你已经打定主意，要去麦当劳或者汉堡王吃儿童餐。你不想让孩子选择其他餐馆，不过，你仍然想锻炼他的决策能力。这可以通过设定一个可选择的回应性问题来实现，比如："我们要去吃午餐。你想吃麦当劳还是汉堡王的儿童餐？"可选择的回应性问题能使孩子产生"控制错觉"，但实际上是你在实施控制，因为你把餐馆选项限定为麦当劳或汉堡王，把食物选项限定为儿童餐。

销售人员可以随时使用可选择的回应性问题。当你去一家汽车经销店时，好的销售人员不会问你是否想买车，他们会问你喜欢蓝色汽车还是红色汽车。如果你的回答是蓝色汽车，销售人员就会带你看蓝色汽车。如果你的回答是红色汽车，销售人员就会带你看红色汽车。如果你的回答是红色和蓝色之外的其他颜色，销售人员就会带你看相应颜色的汽车。好的销售人员会令顾客产生一种错觉，以为是自己在控制购车过程，而事实上，销售人员是在通过精心设计的介绍模式引导你。

策略 2：运用"提升地位"的语言技巧，让人们获得良好的自我感觉，把你当作朋友。提升地位的技巧能满足一个人的认可需求。

我是在某天带儿子布莱恩逛书店时发现这个技巧的。一位作者在书店前面的柜台那里签名售书。柜台前面空无一人，于是布莱恩和我走过去与作者交谈。在我儿子和这位女士说话时，我开始翻阅她的书。我注意到，她的写作风格让我想起了简 · 奥斯汀。我对作者提到了这点。她的眼睛亮了，脸颊上泛起一丝绯红。她答道："真的吗？我没有太多写作时间。我有 3 个孩子。我的丈夫在军队，常年不在家。我希望回到大学完成我的学业。我为了结婚离开了学校。那是一个错误的选择，我永远为之遗憾。"我的一句评论换来了这位女士的生活故事，就像我是她久违的朋友。

我又多次尝试了这个技巧，每次都得到了相同的结果。有一次，我遇到了一位踌躇满志的共和党背景候选人。我们谈了几分钟政治，然后我指出他的政治风格让我想起了罗纳德·里根。这位年轻人的情绪陡然高涨，对我讲起了他的家庭教育，他在哪里读的大学，以及许多其他个人细节，这表明他认为我值得喜欢。要想提升他人的地位，可以采取简单赞美的形式。

我有一次采访了一位高中门卫，事情涉及此前晚上时有发生的种族主义涂鸦事件。采访一开始，我就试图和他建立一定程度的融洽关系。我告诉他，他一个人照看这么大一栋楼真不容易。他告诉我，他设计了一个系统，能让他以最短的路线巡视整栋大楼，从而在同一时间完成多项任务。我回应说，他运用自己设计的系统所做的工作，在大多数同等规模的学校需要好几个门卫才能完成（我在给他提供自夸的机会）。

随着谈话的进行，我显然已经和门卫建立了一种稳固的融洽关系。他对我详细地解释了他是如何设计维护系统的，接着又和我分享了关于老师和行政人员的故事。故事很有趣，但对我的调查没有帮助。不过我还是仔细倾听，并在这个过程中与他交了朋友。我把自己的名片给他，告诉他一旦得知有关涂鸦事件的任何新消息，就给我打电话。

几周之后，那个门卫打电话告诉我，他从一个学生那里听到了一则传言。事实证明那则传言是真的，导致多名涂鸦责任人被拘捕。

如果我没能在仅有的那次访谈中和门卫建立融洽的关系，很难说他会不会打电话告知我他所听到的传言。

策略3：如果你想从某人那里获取信息，又不想引起对方的怀疑和防御反应，就可以运用诱导手段。在谈话中采用诱导手段来获取信息，不会导致对方认为你的目的敏感或有所察觉。

人们往往不愿直接回答问题，尤其是在调查涉及敏感问题的时候。如果你想让别人喜欢你，就应该使用诱导代替提问，以便获得敏感信息。诱导技巧能促使人们透露敏感信息，而无须被调查。

提问会导致对方采取防御措施。没人喜欢爱打听消息的人，尤其是在初次见面时。具有讽刺意味的是，这时候你最需要关注对象的相关信息。对对方了解得越多，就越容易制定相应的策略，去培养成功的个人关系和业务关系。

诱导是从对方处获取敏感信息而不让他们意识到正在为你提供相关数据的能力。在我的情报界生涯中，我培训特工从对手那里获取敏感信息，同时与其保持融洽的关系。诱导的特点是：

（1）如果需要提出任何问题，要尽量减少问题的数量，以避免关注对象产生防御性反应。

（2）这是一个无痛过程，因为你的关注对象并没有意识到他们正在透露个人信息。

（3）对方会喜欢你，因为你把他们作为全心关注的焦点。

（4）对方会感激你的善良，还有可能在未来联系你，从而为你提供从他们那里收集其他信息的机会。

诱导之所以有效，是因为它基于人类需求。

人们需要改正错误：通过推定表述运用诱导技巧

人们需要改正错误，但更需要纠正别人。人们对于自己改正错误和纠正别人错误的需求几乎是不可抗拒的。作为一个诱导技巧，推定表述会提出或对或错的事实。如果推定表述是正确的，人们就会确认事实，通常还会提供更多信息；而如果推定表述是错误的，人们则会提供正确答案，通常还会伴随详细的解释，说明答案正确的原因。

最近我想买一件首饰，但我希望享受出厂价。为了磋商最佳价格，我必须了解目标首饰店的加价和店员的佣金（如果有的话）水平。出于某种显而易见的原因，这类信息是严格保密的。我知道如果我直接打探价格，肯定得不到价格磋商所需的答案，于是我运用诱导技巧去获取想要的信息。

> 店员：需要帮忙吗?
>
> 我：是的，我要为我的妻子选一个钻石吊坠。
>
> 店员：我们这里有很多。请来看看。

店员递给我一个天鹅绒盒子，里面盛着几个吊坠。我目不转睛地盯着其中一个。

我：这个多少钱？

店员：190 美元。

我：哇，至少加价了 150%。（推定表述）

店员：不，只加了 50%。

我：然后还得加上你 10% 的佣金。（推定表述）

店员：没那么多。我只拿 5%。

我：我猜你无权打折。（推定表述）

店员：我有权给你 10% 的折扣。再多的话，就需要经理批准了。

这时候，我要么接受 10% 的折扣，要么继续压价。鉴于我来这家首饰店时经济状况不佳，我不确定经理是否愿意在保持盈利的情况下给我更大的折扣。

我：请你问一下经理，他能不能按 40% 的折扣卖给我这一件。（店员进了里屋，我耐心地等待。几分钟后，她回来了。）

店员：他说，如果你能付现金的话，他最低可以给你 30% 的折扣。

我：这是送给我妻子的礼物。

店员：没问题。我把它包装成礼品给你。（我不但节省了 57 美元，还得到了礼品包装！）

在这个案例中，我运用诱导技巧而不是直接提问获取了有价值的信息。我得以查明首饰的加价（50%）和店员的佣金（5%），从而赋予我谈判信心。如果我不想谈判，我可以接受10%的自动折扣，节省19美元；如果店员不透露这个信息，我会以正价购买。基于店员的行为，她并没有意识到自己透露了机密信息。

移情表述是通用的，因为它可以结合诱导技巧。我们将讨论基于人类需求的两个移情诱导技巧：推定移情和有条件移情。销售人员经常运用移情诱导。客户不太可能从不喜欢的人那里购买东西。销售人员运用移情诱导可以实现两个目标：第一，运用移情表述迅速建立融洽的关系。第二，运用移情诱导收集客户信息，而客户通常不会在对方直接询问的情况下透露这些信息。

1.推定移情

推定移情是指将谈话焦点置于客户身上，并提供事实。推定移情不顾及准确性，可以是真正的事实，也可以是推定事实。如果推定移情的内容是真实的，客户通常会给谈话添加新的信息。

然后，销售人员可以基于客户的反应组织另一个移情表述，以激发更多信息。如果推定移情的内容是错误的，客户通常会纠正推定内容。我们来看这个例子：

销售人员：需要帮忙吗？

客户：是的，我必须买一台新的烘干机。

销售人员：你的旧机器快报废了吗？（推定移情）

客户：不，我要搬到一个小公寓。

销售人员：哦，那你需要一台紧凑型烘干机。可以看看我们卖的一款热门堆叠机型。

客户：好的。

销售人员听客户说，“我必须买一台新的烘干机”，这表明客户现在的烘干机不好用了。销售人员运用推定移情，把焦点放在客户身上，鼓励客户确认或否认推定内容：“你的旧机器快报废了吗？”客户纠正销售人员说：“我要搬到一个小公寓。”这个补充信息明确了销售人员应该引导客户关注的机型。“必须买”这种说法表明客户是真心要买一台烘干机，而不仅仅是看看。销售人员在开放式的信息交流中掌握了重要事实。首先，这位客户是一个真心买家；其次，销售人员确认了客户可能购买的烘干机类型。这个信息节约了客户和销售人员的时间。客户可以带着他需要的产品回家，推销员则可以把更多的时间用来服务其他客户。

2.有条件移情

有条件移情是指将谈话焦点置于客户身上，并引入客户购买某种产品或服务的一系列情形。

销售人员：需要帮忙吗？

客户：不，我就是看看。

销售人员：你还没确定想买的车型。（移情表述）

客户：我需要一辆新车，可是我不确定能买得起。

销售人员：那么，如果价格合适，你就会买一辆吧？（有条件移情）

客户：当然。

销售人员：你喜欢红色的还是蓝色的？

客户：蓝色。

销售人员：我们看看在你能接受的价格范围之内的蓝色车。

在回应销售人员的移情诱导时，客户确认了妨碍他买车的原因。然后，销售人员运用了有条件移情方法。有条件移情方法能把焦点放在客户身上，同时设定了“如果/那么式”的条件：“那么，如果价格合适，你就会买一辆吧？”这里的基本推定，是客户会在满足特定条件的情况下买车。在这个案例中，条件就是价格。有条件移情有助于销售人员确认购买目标。掌握了这个新信息，销售人员就能引导客户去看在他所能接受的价格范围内的各种车型了。

3.补偿原则

当人们接受物质或情感馈赠时，他们会觉得需要给予对方同等价值或更大价值的回报（互惠法则）。补偿是一种诱导技巧，可以鼓励人们匹配对方所提供的信息。例如，你初次遇到某人，想知道他在哪里上班，不要直接问“你在哪里上班”，而要先告诉对方你自己在哪里上班——对方往往会说出他们的工作单位作为回报。这种诱导技巧可用于发现关于对方的信息，而不会显得冒犯和多管闲事。

如果你不想让别人知道你的工作单位，但仍好奇他们在哪里工作，你可以通过特殊的提问方式获取对方的必要信息和即时回报。比如：“你在哪里辛苦工作？”这个问题需要额外的认知处理，会化解反问“你在哪里工作”的需求。

我会在讯问嫌疑人时利用回报需求。开始询问（电视台术语是“采访”）时，我通常会为嫌疑人提供咖啡、茶水、纯净水、苏打水之类的饮料——我这么做是为了激发回报需求。作为提供饮料的回报，我希望得到情报信息或是招供之类的结果。

在你们的谈话中，你应该寻求与对方之间的共同点（相似性法则）。你还应该运用移情表述，把焦点置于对方身上。总之，你要让对方获得良好的自我感觉（“友谊黄金法则”），如果你成功做到了这一点，人们就会喜欢你，并寻求未来和你交往的机会。

4.运用第三方

在通常情况下，人们都不愿意谈论自己，以及自己对某人或某事的感受。不过，人们更愿意谈论别人，这或许是为了避免透露有关自己的过多信息。你可以利用人类的这个特征，了解有关关注对象的机密（私密）信息。为此，你可以运用被称为内向/外向聚焦的诱导技巧。

这里有一个技巧应用的例子。在一夫一妻制关系中，大多数夫妻都想知道自己的伴侣是否有不忠倾向。事实上，如果你问你倚重的另一半是否会对你不忠，你很难听到这样的回答："哦，我没有任何不忠问题。"他们或许会有不忠的想法，但肯定不会大声说出来。

为了发现你所爱的人对于不忠行为的真实想法，你需要从第三方角度触及这个话题。不要直接问"你怎么看待不忠行为"，可以说"我的朋友苏珊发现了她丈夫的不忠行为。你对此怎么看？"当某人作为第三方来评论某事时，往往会通过审视自身寻找答案，进而说出自己的真实想法。

当然，你想听到的答案是："不忠是错误的。我永远不会对你不忠。"但也要做好面对这些回答的准备："如今任何人都会不忠"，"如果妻子不能满足丈夫的需求，男人还能怎么办"，"如果我的妻子对待我像苏珊对她丈夫一样，我也会对妻子不忠的"，"难怪他们最近关系紧张"。

这些答案往往能反映一个人对于不忠行为的真实想法，比你直接询问这个问题所能获取的任何答案更能反映其真实感受。

我的学生琳达和一个年轻人陷入了热恋，正在考虑结婚。她纠结于体重问题，为了保持体形，她会定期参加锻炼。不过，她知道随着年龄的增长或是怀孕，她终究会增重的。她想知道如果自己真的增重的话，她的男朋友会是什么感受。她担心他会在意这个问题。

一天晚上，琳达提议和男朋友一起观看电视节目《超级减肥王》。这个节目关注的是参加减肥项目，如锻炼、饮食及改变生活方式的病态肥胖患者。节目结束时，减肥最多的参与者将赢得大奖。节目看到一半时，琳达的男朋友脱口而出："如果我的妻子有一天变成那个样子，我就会把她踢到路边。"

琳达的担心看来是有道理的。她的男朋友是从第三方角度来评论的，所以他暴露了自己的真实感受。她试着直接提问："如果我有一天变得超重，你会把我踢到路边吗？"果不其然，她的男朋友回 答说："不，亲爱的，不管你多重，我都依然爱你。"

但是，通过运用内向/外向聚焦诱导技巧，她发现了男朋友的真实想法。她最终和他分手了。

如果你有子女，可以运用内向/外向聚焦诱导技巧探究他们对一些敏感问题的看法。例如，你想知道自己的孩子是否吸毒。如果你直接询问他们："你吸毒吗？"他们会按照社交惯例给出标准回答："不，当然不。毒品有害。"

了解子女对毒品真实看法的最佳方式，是从第三方角度询问。例如："我朋友的儿子在学校吸食大麻被抓了。你们对此怎么看？"你想听到的回答是："大麻有害，我永远不会去吸食它。"不过，你也要准备好听到这样的回答："真蠢。他绝对不应该把大麻带到学校"、"它只是一种野草"，或者"没什么大不了的。我知道很多孩子都吸食大麻"。这些反应表明你的孩子可能在吸食大麻，或者有尝试吸食的倾向——这些反应并非你的孩子吸食毒品的确凿证据，但的确可以用来洞察孩子的倾向。

策略4：移情。运用移情表述和其他语言表述，让听众明白你了解其感受

人们会对能够"站在同一战壕"的人产生积极的感情，理解他们的体验。你的移情表述/关切表述能向倾听者释放信息，表明你理解他们的处境和不得不说的重要内容。你这么做是在满足对方被认可和被欣赏的需要，这能让他们获得更好的自我感觉，反过来对你产生好感，从而促进友谊发展。

你会惊奇地发现，你总是有机会利用移情表述启动谈话，进而让对方喜欢你。而你要做的，只是在和他们说话之前稍做观察。你往往会出乎意料地发现，观察对象的发言或行为会透露他们对自己现状的不满。当你面对一生中可能只有一次机会相遇或不常相遇的人（销售人员、店员、服务人员等）时，这一点尤为突出。

比如，几乎可以肯定的是，如果你在高峰期外出用餐，你的侍者难免会手忙脚乱。简单的一句“孩子，你看起来很忙”，往往就能带来积极回应，以及随之而来的超级服务。你的谈话对象会感激你关注他们，理解他们面临的工作挑战。这会让他们获得良好的自我感觉，根据“友谊黄金法则”，他们会因此喜欢上你。如果你想显得更温情，不妨在你原始表述的基础上加上赞美，从而让他们感到满足：“孩子，你真忙！我不知道你怎么应付得来。”或者“孩子，你真忙！我可搞不定这么多订单。”

有时，你无须在发现关注对象有所不满或抱怨的情况下才采取有效的移情表述。一旦你推断某人可能遇到困难并会感激你对其困境的理解，就可以运用移情表述。例如：天色已晚，你看到一个女店员穿着高跟鞋在百货商店里工作，你可以说：“哇，你全天站着干活儿，脚一定很累。”你很可能是对的，于是那位店员就会积极回应你的移情表述。

家长想鼓励孩子，尤其是十几岁的孩子和他们交谈时，可以有效地运用移情表述。出于各种原因，大多数青少年都不愿意和自己的父母分享信息和各种体验。通过强求、威胁或是哄骗来获得回应，通常会导致抵触反应，令孩子更加坚定不和家长交谈的决心。

为了避免这种无效回应，可以运用这样的移情表述：“你似乎在思考非常重要的事情”、“看起来真的有事让你烦恼”，或是“你在担心什么事吧”。你的孩子或许会有各种回应。第一，他们可能予以承认，公开自己的心思。第二，他们可能部分回应。在这种情况下，可以组织另一个移情表述来诱导孩子说出更多细节。大多数孩子还是愿意把自己的烦恼告诉家长的，只需要给他们一点儿鼓励，并让他们相信和你谈话是他们自己的选择。第三，他们可能敷衍和沉默。在这种情况下，可以使用类似的移情表述：“有事情困扰你，但你现在不想谈。等你觉得是时候了，可以告诉我，然后我们可以谈谈。”

无论是通过移情表述还是其他形式的口头表达，向对方表示同情都是一种有力的方式，可以让对方获得更好的自我感觉，愿意和你结交朋友。在你的友谊工具箱里，移情工具将成为塑造成功关系最常用和最有效的技巧。你的发言内容和听取方式，对于确立或是破坏友谊意义重大。

回避谈话陷阱

正如我们看到的，在你倾听别人说话时，鼓励对方谈论自己，并基于相关信息选用旨在巩固关系的各种友谊工具，有助于别人喜欢上你。因此，你最不应该做的事情，就是妨碍（通常是无意间）你和你期待交友对象之间的双向沟通。为了保证沟通顺畅，一定要绕开妨碍彼此语言交流的常见谈话陷阱。

（1）避免谈论可能引发听者负面感受的话题。负面感受会让对方感到沮丧，从而降低对你的喜欢程度。

（2）别不停地抱怨你的问题、你家庭的问题或者这个世界的问题。大家不乏自身问题，无须再听你……或者其他任何人诉苦。

（3）避免过多地谈论自己。过多谈论自己会招人讨厌。在谈话过程中，要把焦点放在对方身上。

（4）不要无谓地闲聊，它会让人拒绝交流（关闭“信任开关”）。

（5）避免过少或过多的情感表达，极端的情感表现会给人留下不良印象。

结论

语言行为是激活“信任开关”并保持其开启状态的重要组成部分。你的讲话内容、你的听取方式、你对听取内容的回应可以发挥巨大作用，决定你以非侵入方式结交朋友、了解信息的成功程度。运用本章介绍的工具有助于你成功地发出友好的声音。相信我吧！

6. 营造亲密

最高的大厦需要最深的地基。

——**乔治·桑塔亚纳**

结交朋友需要一种特殊的黏合剂来维持关系：融洽的氛围。当你和对方“对接”时，你们就进入了融洽氛围，它是关系发展的基础。正如知名作家兼演说家凯文·霍根所说：“融洽关系的建立从你自己开始。”如果你想结交朋友，就有责任去建立融洽关系，然后，如果你想超越一个简单的邂逅，就有责任去强化融洽关系，将其扩展为具有黏性的持久关系。本章包括确立融洽关系的所有必要工具，不过，我们还是暂时回顾一下“敌友连续统”。

朋友—陌生人—敌人

“敌友连续统”并未区分从陌生人到朋友的友好程度。但这种差异显然是存在的，不仅如此，它还反过来决定了我们应该在个人相遇中发展何种程度的融洽关系。这些不同的友好程度描述如下：

陌生人—偶遇—熟人—朋友—伴侣

我们通过审视这个“友谊连续统”可以发现，伴侣的接触程度日益增强，从短暂、稀少的互动发展为终身关系。随着我们从“连续统”中的“偶遇”演变到“伴侣”阶段，建立融洽关系变得日益重要。这是因为，随着曾经的陌生人变成彼此生活中日益不可或缺的部分，互动会日益密切。

本章旨在帮你理解如何与关注对象有效地建立密切关系，以及建立这种关系的可能性。

建立融洽关系

人是社交动物，我们天生愿意和他人交往。融洽关系建立了一座人际心理桥梁，为发展各种层次的友谊提供了可能。如果能和你建立融洽关系，我就能大概确定你会喜欢上我。就这么简单。

当我讯问证人和嫌疑人时，我的首要任务是在我自己和询问对象之间建立心理学关系。人们（尤其是嫌疑人）很少会对他们不喜欢的人敞开心扉。在和嫌疑人打交道时，我会要求对方透露能导致他/她长期服刑的秘密信息。有一次，我讯问了一个性骚扰惯犯。我们就运动话题建立了关系。一旦建立融洽关系，我就能更深入地挖掘其个人生活。最终，嫌疑人坦白了自己的罪行。经过审批、定罪、量刑之后，嫌疑人自愿和我保持联系，给我写了不少信，最终都石沉大海。在信中，他感谢我和他交朋友并给予他尊重。尊重嫌疑人是有可能的，但和他交朋友却是一种误解。尽管如此，他的信件证实了与他人建立关系的重要性。

测试融洽关系

测试融洽关系在任何个人互动中都很重要，因为在与任何给定对象发展关系时，它都能指导我们应该采取何种行动、拥有何种立场。即使在与某人一次性相遇（尤其是我们对其有所期待）时，测试融洽关系也很重要，因为它可以确定关系程度允许我们尝试实现关系目标的时机和可能性，也就是说，随着时间的推移，当我们有意建立更加密切和持久的关系时，测试融洽关系的重要意义将最为凸显。

有时，我们旨在建立融洽关系的行为和旨在测试融洽关系的行为会在一定程度上重叠。在这种情况下，相关行为的程度和强度会因个人关系的强化或弱化而出现差异，从而为关系的深化或消亡趋势提供一个客观的测量标准。例如，凝视可用于建立融洽关系；凝视的持续时间可用于测试融洽关系，为关系的发展或恶化程度提供测量标准。以下是一些可用于测试个人友谊基础的重要行为。

1. 触碰

触碰是一个测量关系强度的可靠标准。正如本书此前讨论过的，陌生人见面时会通常彼此触碰肩膀以下的手臂或是手部。在这个公共接触区以外发生的任何触碰，均表明了一种较为密切的关系。

对谈话对象感到满意的女性，往往会在双方就座的情形下伸手轻触对方的前臂或膝盖。这种轻微触碰表明融洽关系已经建立。

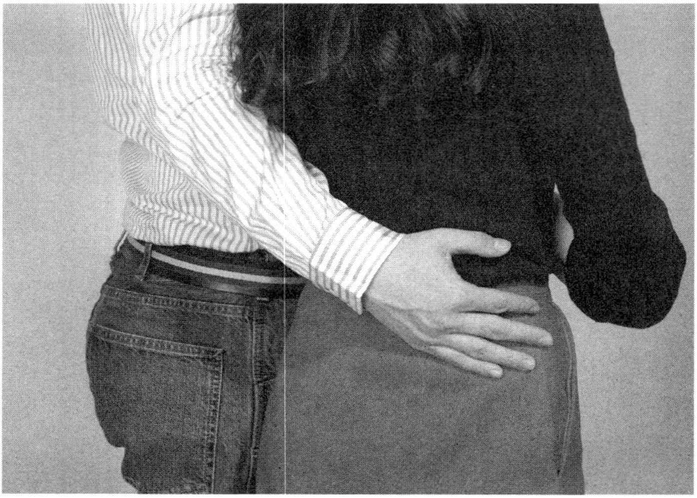

亲密触碰

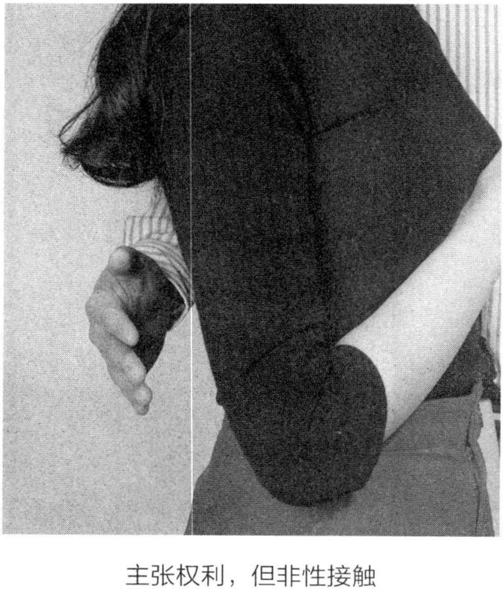

主张权利，但非性接触

男性往往会把轻触前臂或膝盖误解为性邀约。这通常不是事实。相比女性，男性往往更倾向于将表明融洽关系的非语言姿态解读为性邀约。女性轻触男性时，他能做出的唯一确定假设就是她喜欢他，没有别的。男性倾向于将女性的触碰推定为性邀约，这往往会损害正在萌芽的关系，并且无法修复。

男性可以公开触碰的女性最亲密（非性感）的部位是腰部。这个部位是留给有权公开表现其亲昵之情的男性的。触碰女性的腰部也是一种关系主张。例如，如果你看到你想要结识的女性正和另一名男子说话，你可以观察该男子在你靠近时的动作，以此测试他们的关系强度。如果该男子伸出手臂搭在女子的后腰上，他就是在主张自己的权利，不过，他还没有获得侵入女子个人空间的权利。这种姿态意味着你仍有机会得到她的青睐，而不至于干扰某种持续的忠诚关系。

如果一名男子试图贸然触碰女子的腰部，她往往会退缩或释放不适的非语言信号，或者同时表现出不适和退缩。相反，如果随着你的靠近，该男子紧紧搂住女子的后腰或能碰其臀部区域，你应该推定他们的关系进展已经远远超越了入门阶段，你应该去别处寻找伴侣。

在针对某个FBI特工的侦查案件中，触碰腰部动作为我们提供了一个关键线索。结果是，该特工在过去 20 多年里一直为某国政府提供秘密情报。该特工从美国的某个敌对国招募了一个线人。在他们保持关系期间，线人说服该特工提供秘密情报，并将情报最终传递给敌对国政府。

行为分析项目小组的成员拿到了反映该特工与其线人互动情况的系列录像带。在其中一盘录像带里，小组发现这名特工有触碰线人腰部的动作。行为分析项目小组基于这一姿态，确定这名特工在当时或更早时候已经和他的线人有了性交往，从而发现了该特工有故意向敌对国政府提供秘密情报的潜在动机。这促使项目小组展开了一项调查，最终发现他参与了向某国政府非法传递机密文件的行动。

2.整理行为

揪掉同伴衣服上的线头、拉正他的领带、抻直他的外套等整理动作也是关系融洽的标志。反之，自我整理通常是一个敌意信号，表明无意建立关系，尤其是旨在避免注视对方或者消磨漫长时间的时候。

研究人员确认了一份整理行为清单，可用于评估浪漫关系的强度。整理行为越多，关系强度就越大。这份清单是评估浪漫关系的好办法。霍莉·纳尔逊和格伦·格尔创建了下列积极整理行为的部分清单。

1. 你是否会用手指摩挲伴侣的头发？
2. 你是否会在淋浴/洗澡时清洗伴侣的头发或身体？
3. 你是否会为伴侣修剪腿毛/胡须？
4. 你是否会在伴侣哭泣时为他/她擦拭眼泪？
5. 你是否会梳理或把玩伴侣的头发？
6. 你是否会擦掉或弄干伴侣身上被溅到的水？
7. 你是否会清洁和/或修剪伴侣的手指甲或脚趾甲？
8. 你是否会弹下伴侣身上的灰尘、树叶、绒毛、虫子等物？
9. 你是否会为伴侣的背部等身体部位搔痒？
10. 你是否会拭去伴侣脸上或身上的食物和/或面包屑？

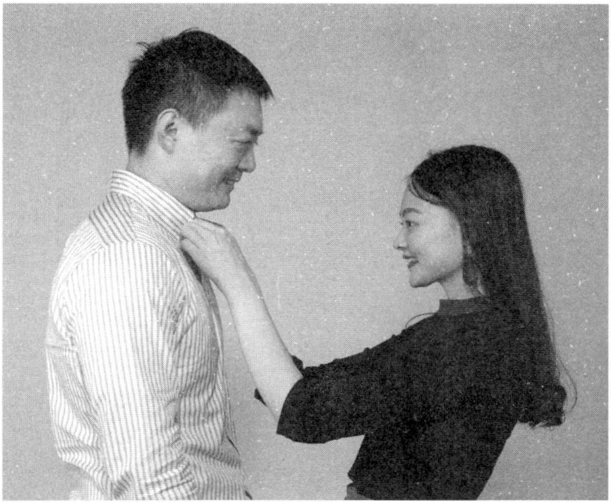

进行整理是一个融洽关系信号

3. 模仿对方的行为

我们在第 2 章讨论了旨在建立融洽关系的嗜同神经行为/模仿行为。那么，这种行为如何测试？我们可以通过所谓的“引导与跟随”法检查其实时表现。

心有灵犀的人会模仿对方的身体姿态。有意识地模仿对方的身体语言可以促进融洽关系。当你初次遇到某人时，你会想模仿他/她的姿态，以便建立融洽关系。在谈话的某个时候，你可以运用“引导与跟随”技巧去测试自己与对方的融洽关系。在此之前，你一直在暗示对方。现在，你想看看对方是否会接受你的姿态，释放融洽信号。试着改变你的身体姿势，如果你们已经建立了融洽关系，对方会在 20~30 秒内模仿你。

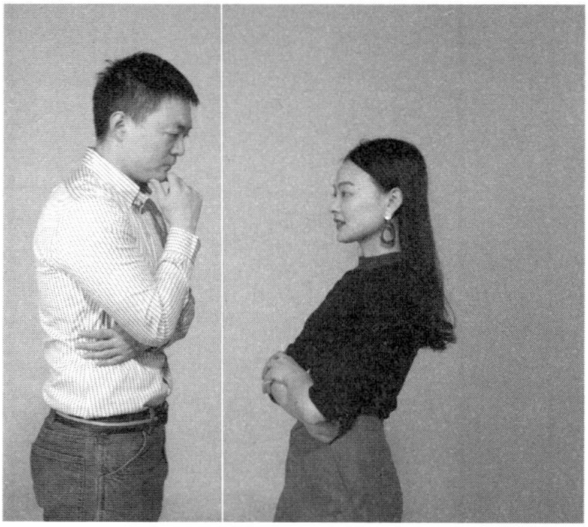

融洽关系（上图，模仿明显）和薄弱关系

（下图，异步姿态，无模仿迹象）示例

在测试融洽关系的“引导与跟随”法中，你可以通过交叉或不交叉自己的双臂或双腿来改变身体姿势，或者做出其他明显的姿态变换。如果对方跟随你做出了同样的姿态，就表明你们之间建立了融洽的关系。不过，如果对方未做出相同回应，你就要选择继续建立融洽关系并进行新的“引导与跟随”测试，在进一步努力之后观察融洽关系是否已建立。

4. 撩发

伴随瞬间撩发的仰头动作是一个融洽关系信号。

撩发

撩发过程中的关键非语言动作是相互凝视，这是融洽关系业已建立的一个强烈的正面信号。以下三幅图片是按实际发生顺序显示的撩发系列动作。

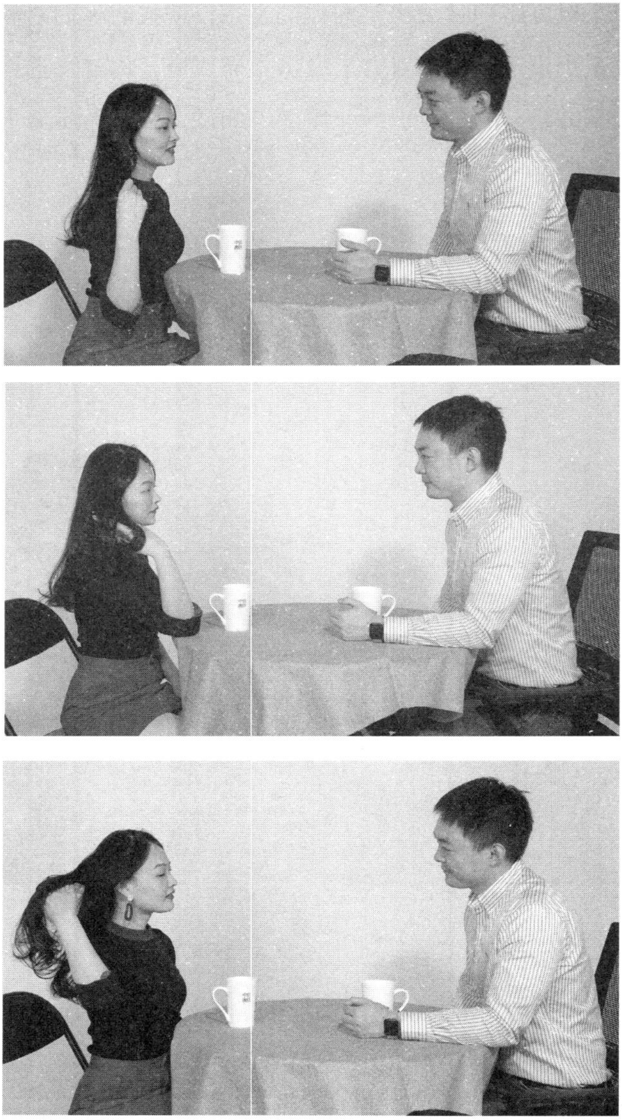

撩发系列动作

测试融洽关系时要认真观察撩发动作。这是因为，缺少相互凝视的撩发动作（即未伴随眼神接触的撩发动作）是一个表明融洽关系欠缺的强烈负面信号。这种姿态通常被称为“撩弄”。

撩弄

5.姿态

测试融洽关系的一个好方法，是留意互动双方的姿态。有两种行为最具价值。

①前倾

人们会倾身面对自己喜欢的人或物，而远离不喜欢的人或物。关系融洽的人会相互倾身。在赴伊拉克审讯人员部署前培训期间，我注意到大多数士兵都会在我授课的前一个小时里后仰。快到课间休息时，我运用移情表述告诉他们，我觉得自己好像没和他们对接上。士兵们一直点头。他们告诉我，他们已经有两次伊拉克部署经历了，我的教材太基础了。我告诉他们，先休息 15 分钟，我要去办公室取回高级培训手册。如果我没在第一个小时里注意到自己和学员之间缺乏融洽关系，整个培训活动就会徒劳无功。

②开放式姿态

关系融洽的人会表现出某种开放式的身体姿态。开放式姿态表明被吸引和期待沟通。开放式姿态包括：腿部和手臂不交叉，发言时手部活动频繁，出现摊手动作，身体略微前倾，释放友好信号。这些姿态可以传递热情、信任和友善。为了增强开放式姿态的效果，还可以运用点头、歪头动作，以及“我明白了”“原来如此”“请继续”等语言鼓励。

体验到融洽关系的人，会认为自己的互动对象并非威胁，因此愿意采取开放式姿态。在相同情形下感受到威胁的人，往往会采取某种封闭式身体姿态，以保护自身免受威胁或潜在威胁。封闭式姿态也能表明缺乏兴趣。

封闭式姿态通常与开放式姿态动作相反，包括双臂紧紧交叉，少见手部动作，几乎不释放友好信号。如果你的谈话对象望着你，但躯干和双脚指向另一方向，说明他/她并未全心投入。人们往往会把脚指向另一个方向，从而无意间释放想要离开的信号。其他冷漠信号包括身体或头部后仰，双手支撑头部，或者剔牙、剔指甲等负面整理行为。

6.躯干移位

关系融洽的人会直面相对。采取倾向或远离对方的躯干移位方式，分别表明关系融洽或欠佳。以下两幅图片描绘了另一种躯干移位类型。这种类型的非语言身体动作涉及躯干移位，旨在更直接地面对关注对象。这种身体移位是一个明显的迹象，表明相关各方的融洽程度正在增强。

利用躯干动作测试融洽关系时，要记住的基本原则就是关系融洽

躯干移位顺序

的人会互相面对。实现这种指向的典型顺序是：首先，对方的头部会转向你。其次，对方的肩膀会转向你。最后，对方会重新调整自己的躯干姿态，以便直接面对你。一旦这个动作发生，你就可以确信融洽关系已经建立了。

7. 清除障碍

测试融洽关系的一个好方法，是寻找人们在自身和对方之间设置和/或清除的障碍。不满意对方的人会设置障碍，或是保留既有障碍；而对自己的互动对象感到满意的人会在双方之间保留开放空间，还会为此清除业已存在的障碍。

试图遮挡身体或胸部是一种敌意信号。就餐时，你可以通过把桌上的摆饰挪到自己和正对面就座的人中间来释放这种非语言信号。

通过摆放手脚和放置物品，可以在双方之间设置障碍。下文讲到了一些可以构成障碍的非语言行为和物品。当你看到这些障碍时，就可以推定当事人之间尚未建立融洽关系。

8. 手臂交叉

手臂交叉动作旨在设置一种心理障碍，以回避造成当事人心理焦虑的话题。关系融洽的人既不会有威胁感，又不会有焦虑感。如果你的谈话对象突然交叉自己的手臂，说明你们之间尚未建立融洽关系，或者融洽程度不够。不满意谈话对象和所谈论话题的人往往会在胸前交叉双臂。

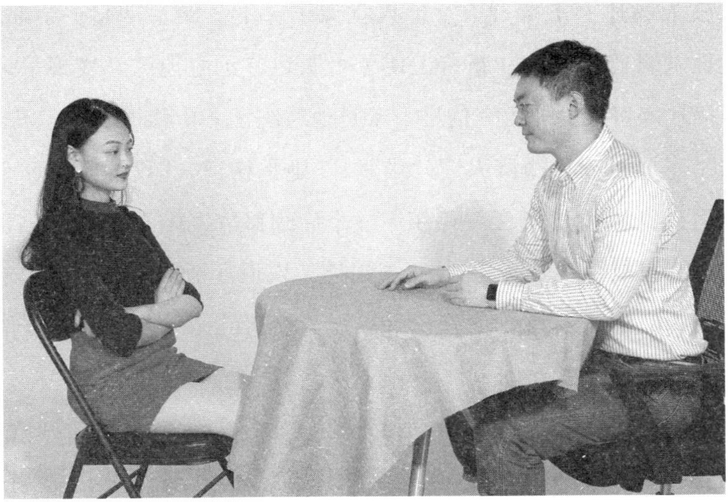

手臂交叉设置了一个障碍（后倾表明缺乏融洽关系）

9. 用物品设置障碍

在你和对方之间放置饮料罐、枕头、手提包和其他可移动物品，释放的是不适和不融洽的信号。未与谈话对象建立融洽关系的女性，往往会用自己的手提包设置障碍。这通常涉及从地板上拿起手提包，把它放在自己的膝上。这表明融洽关系尚未建立，或者融洽关系正在恶化。

10. 枕边谈话

我曾给受训的一名新特工解释各种障碍的作用。他有点儿怀疑这个技巧是否有效，直到他询问了某个证人。我们在证人的家里讯问了她。她坐在沙发上，我们俩坐在她对面的两把圈椅上。新特工要求证人描述一下嫌疑人。证人犹豫了一下，伸手拿起一个靠枕，把它放在自己的膝上。新特工使了个眼色，示意他已经发现了证人不愿描述嫌疑人的非语言信号，于是他组织了一个移情表述：“夫人，你似乎不愿意确认嫌疑人。”“当然，”她承认道，“我不希望那个人回来伤害我。”这位特工又组织了一个后续移情表述：“那么，你是担心会遭到报复。”“是啊。”她叹了口气，说道。证人的非语言表达表明她的内心态度有所变化。观察非语言表达的微妙变化，往往能捕捉到对方的弦外之音。

这位特工用了一些时间来讨论这位女性的忧虑，并向她解释，她的担心是没有根据的。当他消除了证人对遭到报复的担心时，她果然把靠枕放回了沙发角落——新特工和证人之间的融洽关系已经建立。

11. 长时间闭眼

感到焦虑的人会用长时间闭眼来表明他们的不安。他们以眼睑为障碍，避免看到令他们焦虑或不适的人或事。我有几次走进上司的办公室时，看到他把眼睛闭上了一两秒钟。这个动作告诉我：他很忙，不想在那个时候和我谈话。我的上司和我通常保持着融洽关系，不过，一旦他做出长时间闭眼的动作，我就会马上请求离开。当我上司的非语言行为表明他想独处时，我的要求、意见或者建议是不会受到欢迎的。

12. 眨眼速度

当人们感到焦虑时，往往会加快眨眼速度。大多数人的正常眨眼速度是每分钟 15 次。随着人们变得越发焦虑，他们眨眼的速度会比自身正常基准速度更快或更慢。每个人的“正常”眨眼速度略有不同，因此，互动一开始就要校准他们的“正常”速度。

13. 杯子的位置

你可能还记得，70% 的信息是人们在用餐和喝酒时传递的。人们倾向于在一起用餐或喝酒时谈论问题。观察一个人杯子的摆放位置，可以明确双方是否建立了融洽关系。如果你对面的人把他/她的杯子放在你们中间，杯子就构成了一个障碍，表明融洽关系尚未建立。如果对方把它放在两边，保持你们之间的开放空间，就表明融洽关系已经建立。第 188 页的三幅图片显示一对情侣正在发展融洽关系。

注意第一幅图片，桌上的两只杯子构成了两人之间的障碍。在第二幅图片中，年轻女士准备喝水，而小伙子已经端起杯子开始喝水了。在第三幅图片中，女士已经喝完了水，把杯子放在一边，在她和小伙子之间留下了一个开放空间，小伙子还端着自己的杯子，不过显然准备把它放在桌子的另一边，以便清除两人之间的所有障碍。

你和谈话对象的除障行为表明彼此关系融洽。你可以在谈话过程中监测融洽程度，方法是观察对方将自己的杯子或者其他物品放在桌面的哪个位置。如果你的谈话对象将杯子放在你面前，那么这种姿态可能表明融洽程度正在削弱。换句话说，杯子或物品的摆放位置可以作为融洽关系的晴雨表，表明关系是在疏远还是在增进。可见第 189 页的系列图片。

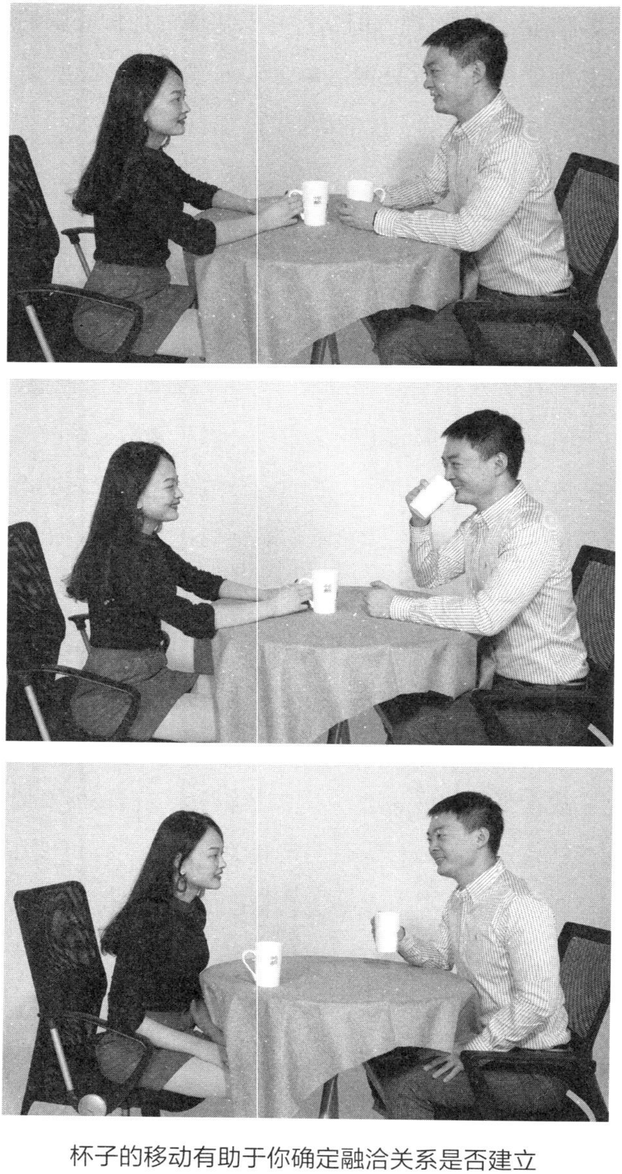

杯子的移动有助于你确定融洽关系是否建立

在第一幅图片中，我们看到一对情侣坐在桌子旁，两人中间摆着一瓶花。在接下来的两幅图片中，我们看到小伙子拿起花瓶，把它放在一边，清除了他和年轻女士之间的障碍（花）。第四幅图片表明随着障碍被清除，融洽关系得以增强，这对年轻情侣的身体倾向对方，有歪头和微笑动作。第五幅图片显示融洽关系进一步增强，因为两人现在互握着双手。第六幅图片捕捉到了最强烈的融洽关系，因为小伙子正在和同伴耳语——融洽关系的另一个强烈信号。

随着时间的推移建立融洽关系

14.表明融洽关系存在或缺失的行为

在确定融洽关系建立的发展阶段时，你应该留意以下“线索”：

表明融洽关系存在的友好信号	**表明融洽关系缺失的敌意信号**
挑眉	皱眉
歪头	翻白眼
频繁微笑	目光冷淡
相互凝视	长时间闭眼/眼神回避
亲密触碰	触碰动作缺失（或非常有限）
模仿行为	异步姿态
前倾	拉开（和对方的）距离
耳语	缠绕头发（并非“习惯”）
热情姿态	侵略性/攻击性姿态
开放性姿态	封闭式姿态
消除障碍	设置或利用障碍
眼睛睁圆	眼睛斜视
嘟起或舔舐嘴唇（女性）	假装打哈欠
频繁点头	摇头反对
分享食物	皱鼻
为伴侣整理	为自己整理
撩发	撩弄头发

你看到了什么？花时间测试一下你学到的东西！

下面几页包含一系列图片，每幅图片都附有一个问题。利用你在本书中掌握的信息，尽量完美地回答这些问题，然后和附录中的答案进行比对。

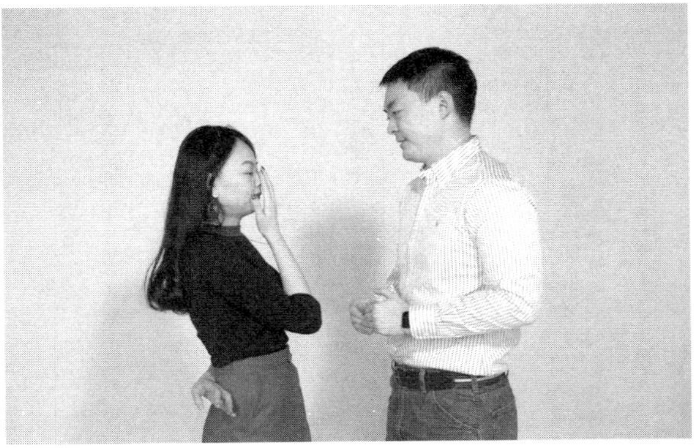

识别本图描述的友好或敌意信号

识别本图描述的三个友好信号

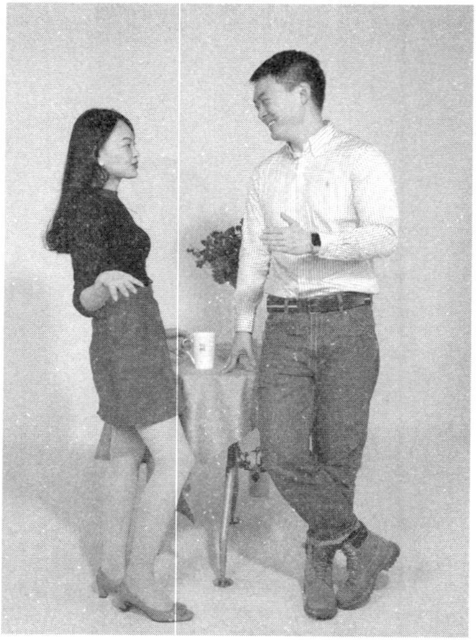

难题：识别第 191 页下图未显示的另一个友好信号

本图中，双方的融洽程度如何？用非语言行为线索证明你的答案

你会如何描述图中这两个人对于彼此的感觉?

用非语言线索为你的答案提供支持

你会如何描述这两个人对于彼此的感觉?

用非语言线索为你的答案提供支持

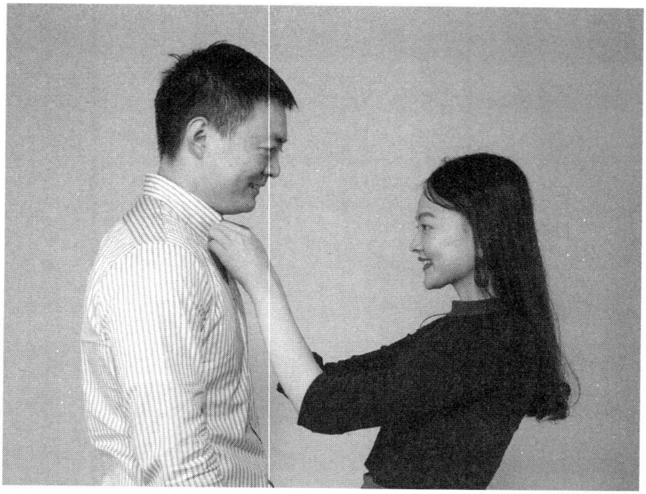

你能否识别未在其他图片中出现的表明两人融洽关系的友好信号

你会如何描述两人对于彼此的感觉？用非语言线索为你的答案提供支持

你会如何描述图中两人的融洽程度？用非语言线索证明你的答案

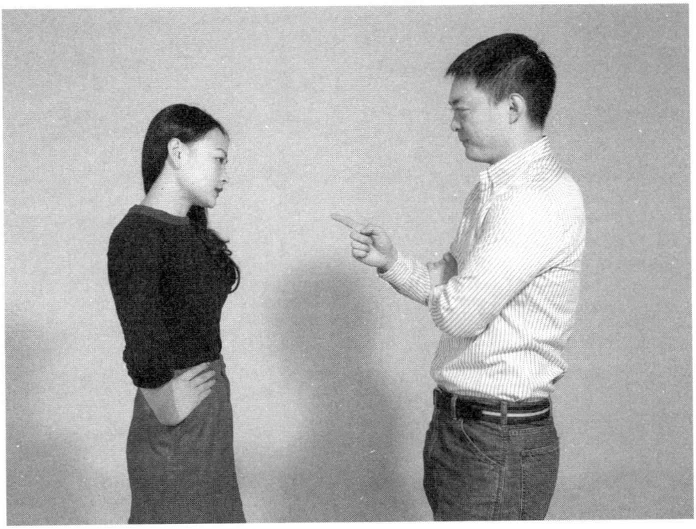

难题：此时谁占上风，是男还是女？用非语言线索解释并证明你的答案

7. 打破愤怒循环

人们了解你多在乎,才会在乎你多了解。

——**齐格·齐格勒**

所有长期关系都始于短期关系，所有关系的发展途径也都相同，即通过认识、利用各种工具，建立并维持融洽关系。随着时间的流逝，我们的某些关系会从友谊发展为爱情。一旦关系发展成熟，变成一种恋爱互动，我们就需要一个新的行为焦点来保持强烈的激情和伴侣关系。

这种容易认识但难以维持的行为就是关怀。思考一下与你并非贸然相识的所有人，比如家人、朋友、同事和导师，然后问自己："在这些人中，我对谁最为敬重，最愿意满足他们的愿望？"很可能此人就是你认为关怀自己的人。你能从他们的行动和日常行为中感受到这种关怀。

"关怀"的定义有点儿类似术语"色情"的定义。当最高法院的一名法官应要求定义这个术语时，他回答说："我无法定义它，不过，一旦看到它所指的行为，我就能认出来。"那么，关怀也是如此。尝试用文字去捕捉关怀的本质，会导致我们难以认识关怀中最热烈的情感，尽管如此，我们很容易经由关怀体验认识它的本质。关怀发自内心，而非出于理智。这种关系超越了机械、理智、肤浅的互动，触及我们内心最深处、最基本的感受。

关怀能让我们抵达关系发展的更高层面，而它的英文单词care的拼写字母也表明了我们实现有效关怀的必要行动。

C = Compassion /concern（同情/关切）

A = Active listening（有效倾听）

R = Reinforcement（强化）

E = Empathy（移情）

我们逐个审视一下这些单词，这有助于我们确定要想与伴侣保持健康、快乐的长期关系，需要采取何种行动。

关怀伴侣

关怀他人的人，会表现出对对方的真诚关切。关怀并不是给予受害人空泛的说教或者轻率的回应，而是关乎受害人体验的真正意义上的同情，以及帮助其改善处境的承诺。在长期关系中，一方或双方都难免面临诸多危机。此时，关怀的真实程度或者缺失程度就很容易显现了。在形势大好的情况下，维持长期关系相当容易，但它所面临的风险是，某人或完美或欠缺的真实品质会被揭穿和发现。

从某种意义上来说，人们能想象出来的最美情景差不多就是两个人走到一起，彼此依靠，在需要（这是肯定的）的时候成为一对贴心伴侣。照顾生病或受伤的伴侣或许能形成最持久的关怀。见证这种日复一日乃至年复一年的无私牺牲，就是见证最纯粹的关怀体现。

我希望你永远无须照顾一个患病（而非健康）的伴侣。幸运的是，你可以通过一些日常小事让你的伴侣感受到你的关怀。比如分担家务，随时随地制造意外惊喜，抽出时间赞美你的“特殊人物”，在他们受到挫折时给予抚慰，在他们需要你时共同面对，提供亲切的话语和援助之手：这都是一个富有同情心的人所采取的关怀行为。这种关怀是“发自内心的爱”，一旦你真心付出这种爱，就能获得真诚的感激。

我正坐在拥挤不堪的华盛顿哥伦比亚特区购物中心美食广场吃午餐，当我走向垃圾桶时，好像听到有人在叫我的名字。我扫视人群，没注意到有人试图引起我的注意，于是我继续往前走。然后，我听到有人在叫我的全名。我转过身，看到一位年轻的女士走过来。她停下来做自我介绍，但我认不出她是谁。她对我说，她想感谢我救了她的命。

我困惑地看着她。她继续说：“我是10年前被绑架的那两个女孩之一。”我瞬间想起了那一天，她和她的朋友被两名警察从枪林弹雨中救出。我提醒她说，那两名警察才是她的救命恩人。她认为那两名警察的确是从绑架者手中营救自己的人，但我才是那个救她命的人。“你为什么会这样认为？”我问。

“当时我身心俱疲，”她说，“你的和善和同情启动了我的愈合过程。”我回忆起上级曾委派我处理这个案件。在她获救之后，上级分派给我的任务是与她面谈。我花了大约一个月才让她平静下来，平心静气地告诉我所发生的一切。为了让她道出详情，我每天要花大约一个小时。移情表述在其中起了关键作用。我们很少讨论绑架事件本身，但我最终还是与这位当年只有14岁的受害人进行了深度交谈。

那次面谈之后，我再也没有见过她，也没有再想起过她，但她仍然记着我。“你可能已经忘了我，”她说，“但我会永远记住你的善举。如果没有你的帮助，我想我无法走出阴影。”我向她致谢，说我只是做了本职工作而已。我把餐盘放在服务台上，然后我们互相道别。我当时意识到，发言人往往会忘掉自己的讲话内容，但这些话却能为倾听者带来深远的影响。

有效倾听

有效倾听是指你在倾听对方讲话时运用语言和非语言线索以及移情表述。此前在第 5 章提出的一些有关有效倾听的建议对于维持长期关系而言更具意义。在这种长期关系中，与同一个体的多年互动能让我们深入理解如何增强或削弱人际关系。

在长期关系中，沟通是维持或消耗我们彼此感受的一个关键因素。长期伴侣之间开放、坦诚的交流能够建立彼此之间的信任，表明关怀态度，维持健康的关系。

如果你从所有关系的一开始就是有效倾听的倡导者和实践者，那么只要这段关系能够持续，你将永远具备巨大的优势。这是因为，你将会更好地了解伴侣的特定需求、个人“怪癖”、兴趣、个性、期望、恐惧，以及应该探讨或回避的谈话主题。

如果不有效倾听，一些共同生活几十年的夫妇也有可能根本不知道自己伴侣的真实感受和真实期望。这是因为，他们没有留意伴侣所说的话！这种现象令人难以置信，但它的确存在——不幸的是，这种现象比大多数人愿意承认的还要多。有效倾听能实现开放和双向的沟通，通过有效的发言和倾听可以促进信息的交换。

在某个长期关系中，有效倾听的最大好处是，你能就如何体现针对自己伴侣的最佳关怀做出更精确的判断。然而，在一段新的关系中，或在某段关系的早期阶段，你可能会说“错话”，随着关系成熟以及互动双方通过有效倾听增进对彼此的了解，这些交谈失误应该会急剧减少（甚至完全消失）。

只要有效倾听长期伴侣的谈话内容，任何人都能充分意识到需要回避的“话语地雷”和不应触及的敏感问题。体贴之人会利用这些信息来强化双方的关系。然而，这些信息也有可能削弱甚至破坏双方的关系。这种情况最有可能在双方争论时发生，争论的一方有意对对方的痛处“施压”，在使冲突升级的同时，给对方造成精神伤害。即使一方当事人盛怒，或者有利于赢得争论，也是一个很糟糕的应用策略。问题在于，在争论结束并且引发争论的原因被遗忘很久之后，某人所讲的话导致的情感创伤仍然挥之不去。

利用从前期讨论中了解的信息，你可以在论战中胜出或者占上风，这可能很有诱惑力。然而，如果你的伴侣把这些信息视为“禁区”，你就一定不要这么做。你要抵御逞一时口舌之快的诱惑！随着时间的推移，如果你坚持有意触碰“话语地雷”，推进敏感话题，或者提出一些禁止探讨的话题，就很可能会导致关系崩溃。

做一个有效的倾听者。这样一来，人们就会认为你是一个体贴之人，你还能更深入地了解你的伴侣，并在此过程中促进你们的关系。下面的一些额外提示有助于你更有效地倾听。

- 在你开始发言之前，先让你的伴侣说完。
- 重要的讨论应该在一个便于听取伴侣讲话内容的适宜环境中进行。（不要在嘈杂、拥挤的餐馆里谈论财务或生活状况问题！）

- 不要在伴侣讲话时思考你要说些什么；集中注意力倾听对方的谈话内容，而不要专心思考。
- 如果你的伴侣性格内向，不愿意讲话，可以通过点头和劝说来鼓励他们表达（见第 5 章）。
- 在伴侣发言时观察他们。沟通兼具语言和非语言性。此外，如果你关注对方，他们很可能认为你对其讲话内容真的感兴趣。
- 做好准备，在伴侣谈到某个不错的观点或建议时给予赞美。
- 当听到你并不认同的说法时，不要下意识地拒绝评论，或者予以抨击。思考一下观察结果，看对方的说法是否有一定的道理，或者是否有令双方都满意的折中余地。
- 如果你的伴侣在特定环境下犯了明显的错误，你应该尽量帮对方找到一个体面的方式，让对方优雅地改正自己的错误。
- 如果你认为谈话正走向对抗，你可以提议“暂停”谈话。

三种错误的伴侣关系

下面是你和伴侣在交往时应予避免的一些错误。

1. 没注意到自己的日常互动方式是在向对方实施不当奖励或惩罚

在长期关系中，一些人对其伴侣表现出不利于尽量提高关系满意度的持续强化模式。有以下三种人不能恰当地运用强化技巧：

消极伴侣

他们的座右铭是："强调消极方面，忽视积极方面。"

他们的信条是："就算做对了有什么值得赞赏的？你就应该做对！"

他们对伴侣的做法是：否定和惩罚。

消极伴侣似乎精通一些惯常做法，他们会在你犯错误时说，"瞧，我提醒过你"，在你做得正确时说，"我没看到"。和消极伴侣一起生活的人往往会发出这样的频繁哀叹："我能听到伴侣意见的唯一机会是我做错事的时候。"难怪这种行为会导致苦楚和挫折感。没有谁喜欢在自己做对事时遭到忽视，却在做错事时受到极大的关注。因此，有一位妻子很巧妙地告诉自己的丈夫："如果你要批评我，至少要花同样的时间肯定我的成绩。"消极伴侣需要认识到，如果重要朋友犯了需要纠正的错误，提出批评是适当的；但是，当对方做对了事情时，提出表扬同样也是适当的。

完美主义伴侣

他们的座右铭是："总有改进的余地。"

他们的信条是："如果结果不完美，那就不值得做。"

他们对伴侣的做法是：设定不合理的标准。

完美主义伴侣要求为达到完美付出最大努力，即使能力远不相称。完美主义者不愿肯定对方成功地完成了某项任务或者琐碎工作，除非对方做得很完美。这就导致了问题。由于完美主义伴侣设定的标准太高，对方的表现很难达到可触发肯定赞美的必要水平。因此，完美主义伴侣会对消极伴侣采取变本加厉的做法，要求他们首先达到几乎不可能达到的水平！

针对自己在某段关系中提出的过高要求，完美主义伴侣可以采取的最有效的修正方法是将标准降至合理水平，既尊重能力，又不苛求在很大程度上无法实现的行为表现。完美主义伴侣应该意识到，要将执行能力转化为完美业绩，所投入的时间和精力通常是不值得的。

施虐狂伴侣

他们的座右铭是："失误可以抹杀一切优良表现。"

他们的信条是："犯错是人性，惩罚是神性。"

他们的行为是：奖励优良表现和惩罚过失与错误之间总体失衡。

施虐狂伴侣名副其实，他们能令人想起扯断蝴蝶翅膀的淘气孩子。从表面上看，他们似乎相当和善。他们经常表扬、认可自己的伴侣。但是，这些人在和伴侣打交道时，会以一种不现实的独特方式去平衡其赞美和批评行为。这就是他们的行事方式：其伴侣的行为可能积累了很多赞美依据，不过，一旦他们在此过程中有所闪失，一次错误就足以"抹杀"他们一路走来赢得的全部或大部分赞美。对于期待做出更好改变的施虐狂伴侣来说，必须认识到伴侣一方的良好行为和欠佳行为比例在一定程度上是“旗鼓相当”的，还要认识到的是，不应该因为一次消极失误就否定其长久积累的积极行为。

2.未给予伴侣充分的“积极关注”

关于长期关系的一个不幸现实是，伴侣往往会在早期互动阶段自然丧失某种程度的激情，减少对对方的极力关注、赞美和“初步示爱”。很不幸，这是因为人类对于积极关注总是贪得无厌的。有人趋近自己、欣赏自己，愿意通过日常的善意之举和赞美之辞表示积极关注，这种感受对于健康、稳固的长期关系而言至关重要。

以下这些方法能让你的伴侣萌生被人欣赏的特别感觉。

- 当你的伴侣做出成绩时，要给予表扬。可以是对方在工作中解决了某个问题，也可能涉及对方获得的某种荣誉，甚至可以是对方在回家途中特意为你买了甜点。通过表扬对方，让你的伴侣感受到你对他的欣赏之情。永远不要为了从表扬对象那里“得到什么”而给予赞美。应该在当之无愧时赞美，发自内心地表扬。这里的好消息是赞美不用花钱。这么做的唯一代价是，观察你的伴侣，以便及时发现对方值得赞美的行为，然后做出必要努力，真正表达你在积极地关注他/她。
- 不要忘记伴侣的重要里程碑事件，如生日、周年纪念日、特别事件等。一张从商店买来的添加某种个人信息的卡片就能起到极好的作用，它能让你的伴侣获得很好的自我感觉，而根据“友谊黄金法则”，你也将因此获得良好的感觉。

- 鼓励你的伴侣参与决策，尤其是影响双方的重大决定。这意味着让你的伴侣参与财务规划、重大购物决定、职业变动或调整，以及健康问题。如果人们觉得自己在决定事项中享有某种程度的发言权，他们就更愿意认同决定的执行情况。这是因为，他们认为自己是参与方，对相关主意享有“所有权”。他们不仅更可能对听取过自己意见的决定表示附和与认同，还会以更积极、更热情的方式采取相关行动。
- 在适当的时候给予你的伴侣“公开表彰”，让其他人知道他/她取得的特别成就。尽管你的伴侣会在你当众指出这些的时候“表现”得尴尬，或者极力淡化自己的成绩，但在大多数情况下，你都不应该因此犹豫。只要采取优雅得体而不过分炫耀的方式，即便是内向的人也能坦然地接受公开表彰。

回忆一下你孩提时的某个假日或生日，你收到了一件真心不喜欢的礼物。如果送这件礼物的亲友财大气粗，你会一直指望他们送一辆新自行车或是一沓钞票，结果却收到了一套百科全书，这时的情况会更加糟糕。

别在伴侣面前犯这种错误。即使你出于好意，花了很多心思和精力为他/她准备了特别礼物，但如果那不是他/她最想得到的东西，你就得不到欣赏。有人认为，经过 10 年、20 年、30 年或更长时间，伴侣之间应能了解对方的需求。令人惊讶的是，事实并非总是如此。丈夫在情人节给妻子买真空吸尘器这件事并不只是广告素材和都市传奇，它真的会发生。

如何确保你送给某人的东西是他/她最渴望的礼物呢？询问！或者用更好的办法，即倾听。从他们的谈话中，你很可能发现他们想要的是什么。要善于观察。如果厨房桌子上放着一本翻开的商品目录，上面有用红墨水标出的物品，你或许就能从中发现线索。

打听某人想要的东西会有一个问题，那就是尽管你送的是对方期待的礼物，但它并不是"惊喜"。有一个办法可以解决这个问题（尤其是涉及假日礼品馈赠的时候），那就是让你的伴侣将自己喜欢物品的提示图片放到一个别致的盒子里。例如，它可以是一份度假广告、一款期待已久的家用物品，或者是特色餐馆的一份菜单。这样的话，你就可以从盒子里选择一件物品买回来，而收到礼物的伴侣并不知道礼物会是什么。尽管惊喜不够充分，但还是能让礼物交换的体验平添快乐。

移情

移情是最后一项关怀内容，也是任何长期关系取得成功的关键组成部分。能够领会伴侣的感受并加以关注，对于维持良好关系来说至关重要。在和伴侣之间的情感共鸣方面，长期生活在一起的人们具有天然优势。他们有多年时间可以了解对方的情绪、独特需求和行为特质，甚至可以把握其中最微妙的差别。

当你感觉到自己的伴侣情绪低落时，亲切的话语会起到意想不到的作用。一旦得知你的爱人遭受了某种挫折，你可以运用“你肯定受到了伤害”之类的移情表述释放有效信息，表明你足够体贴才能察觉这个问题，并且你愿意花时间来表达自己的关切。“在一起”能为受到人身或心理伤害的伴侣提供极大的安慰，这种同情的态度会被铭记和珍惜。

移情是一个非常重要的关系组成部分，数十年来，它一直被公认为塑造各种关系的重要工具，无论是短期、长期、个人，还是业务关系。亨利 · 福特这位名人总结得好，他说：“如果成功有任何秘诀的话，那就是能够了解对方的观点，并从双方的角度来看待问题。”

处理愤怒情绪

这些用于塑造令人满意的短期和长期关系的工具应该适用于几乎任何人（不包括精神病患者）。这并不意味着任何特定关系都能完全令人满意并避免冲突。即便是最好的朋友和伴侣，也会在情绪低落或是意见相左时产生分歧，甚至是令人愤怒的分歧。学会处理在任何关系中都不可避免的愤怒情绪，是你应该掌握的一项重要技能，只有这样，你才能克服在人际交往中遇到的任何困难。

朋友、同事或者家庭成员的愤怒情绪会给你带来压力。他们会让你的工作和家庭生活毫无快乐可言。制定有效的愤怒管理策略，可以为建立融洽关系、创造明显改善的家庭和工作环境奠定基础。

有效的愤怒管理策略包括：保持以愤怒方为谈话焦点，允许他/

她进行发泄，并采取有针对性的系列行动，解决导致愤怒的首要问题。这可以打破愤怒循环，解决危机情境而不损害个人关系。处理危机情境会令人们更喜欢你，因为你能减轻他们的压力（同样重要的是，这也将减轻你的压力），最终令其获得良好的自我感觉。下面是一些以可行方式处理愤怒情绪的指导意见。

1.不要招惹愤怒的人，因为他们不按正常逻辑思考

愤怒会引发争执或逃避反应，以便从精神和身体上做好安然渡过困境的准备。在争执或逃避反应中，身体会在不经清醒思考的情况下对威胁做出自动反应。随着威胁程度日益加深，人的推理能力会随之降低。愤怒的人会有同样的经历，因为愤怒是对某一真实或潜在威胁做出的反应。愤怒的人会不假思索地讲话和采取行动。他们的认知缺损取决于自己的愤怒强度——越是愤怒，就越不可能以符合逻辑的方式处理信息。愤怒的人处于疯狂状态时无法寻求解决问题的方法，因为他们的逻辑思维能力受到了损害。

经过一次完整的争斗或逃避反应，人们大约需要 20 分钟才能恢复正常状态。换句话说，愤怒的人需要冷静时间，然后才能恢复清醒的思考。愤怒的人在恢复逻辑思维之前，无法充分领会任何解释、解决方案或是问题解决的选项。允许这种不应期的存在，是所有愤怒管理策略的一项关键内容。打破愤怒循环的首要策略是“永远不要尝试和愤怒的人讲道理”。在你提出问题解决方案之前，必须让对方的愤怒情绪得到宣泄。

一旦面对愤怒的人，必须留出“冷静时间”。一位作家建议，和

一个处于愤怒状态的朋友、同事或伙伴交涉时，你应该“去阳台凉快凉快”。这是另一个办法，表明你需要退出交火，等待局势缓和，再回归争执事项。

在许多情况下，给出简单的解释就能缓解愤怒情绪。人们喜欢处于主导地位的感觉。愤怒的人会寻求在一个他们不再理解的世界建立秩序。无法理解一个失序的世界会导致挫折感。这种挫折感可以表现为愤怒。为某个特定行为或问题提供解释，往往可以将失序世界重新排序，缓和愤怒者在这个过程中的情绪。上司和下属之间的如下交流说明了这一技巧的运用方式。

上司：我希望你能在今天上午之前完成你的报告。你的行为令人难以容忍。（愤怒）

员工：我无法完成报告，因为我没收到销售部门提供的数据。他们说会在一小时内发送给我。（提供解释）

上司：好吧。尽快完成报告。（愤怒解决）

如果愤怒的人并不接受针对某个问题的简单解释，语言冲突升级的可能性就会显著增加。愤怒需要“燃料”。愤怒加剧会激发你更强烈的反应，从而为本已愤怒的上司添加更多“燃料”。如果这种愤怒循环持续下去，就会在某个时候突破你的争执或逃避阈值，导致你的逻辑思维能力降低。一旦你和对方都陷入了愤怒循环，问题就不可能得到解决。

2.尝试用“三大技巧”打破愤怒循环：移情表述、发泄和推定表述

运用移情表述能捕捉一个人的语言信息、身体状态或情绪，然后用并行语言将其反馈给发言人。发泄可以缓解挫折感。一旦愤怒的人有机会发泄自己的挫折感，他们就能更容易地找到解决方案，因为他们能在不愤怒的情况下进行更加清晰的思考。推定表述能引导愤怒的人采取系列行动，为激起他们愤怒的原始冲突寻求解决方案。推定表述的组织方式令愤怒的人很难不遵循你所指引（建议）的行动方向。以下对话说明了打破愤怒循环的“三大技巧”。

上司：我希望你能在今天上午之前完成你的报告。你的行为令人难以容忍。(愤怒)

员工：我无法完成报告，因为我没收到销售部门提供的数据。他们说会在一小时内发送给我。(提供解释)

上司：那不是借口。你早就应该去销售部门拿报告。你应该知道今天上午完成报告有多重要。我下午要和客户见面。看不到报告，我就不知道该怎么和客户谈。(驳回解释)

员工：你很心烦，因为客户下午会很期待这份报告。(移情表述)

上司：是的。你让我很没面子。(发泄)

员工：你很失望，因为你希望我今天上午完成这份报告。(移情表述)

上司：完全正确。至少要这样才行。(长呼一口气，肩膀随之松弛下来——发泄完成。)

员工：我现在就去销售部门，在下午会谈之前提交报告给你。（推定表述）

上司：好的。看你的了。（愤怒解决）

①移情表述

在打破愤怒循环方面，移情表述能发挥重要的作用。当愤怒的人首次听到移情表述时，可能会感到惊讶和困惑。在猝不及防的情况下，移情表述首先会引起怀疑，不过一旦对方勉强听下去，就会意识到它所代表的关切之情，从而因移情产生信任。

你的移情能力越强，就越能及时得到对方的反馈，了解他们对你谈话内容的看法。因此，如果你发现自己的初始方法不合适，就可以修正你的说法和行动。

问题是：你如何才能做到这一点？你如何做到有效移情？你如何了解对方的感受？你只需持续观察：（1）他们的谈话内容；（2）他们的谈话方式；（3）他们采取的行动。

如果你希望让一个愤怒的人接受某个解决方案，第一步就是查明其情绪状态。一旦感知对方的情绪，你就可以加以利用，把对方引导到你期待的方向上。

识别某人感受的诀窍是，密切关注此人在应对外部事件时的语言和非语言变化。如果你说“你好吗”，而对方的嘴角下垂，语调下降，那你就可以发现对方诸事不利。

你越能发现语言和非语言线索方面的变化，你的潜在移情能力就越强。留意细微的表情变化，注意声音的紧张程度和对特定单词的强调，注意情绪化用词。

为了避免被对方的情绪感染，在感知对方意图时要学会灵活进退，测试温度，然后潜出，到某个地方进行更理性的思考。

除非你能确信，否则最好是通过向对方反馈你对其情绪的感知来验证你的理解是否正确。毕竟，可以确认移情效果的唯一人选只能是被感知情绪者。反馈具有某种效果，通常可以引导对方对你的真正关怀表示感激，从而增强他们对你的信任。

对于并不愤怒的人，移情表述或许有些大材小用，但对于愤怒的人而言却并非如此，这里有两个原因。第一，涉及争执或逃避应对时，愤怒的人无法以符合逻辑的方式处理信息，在这种情况下，移情表述符合人类底线，如果组织适当，就不会被愤怒的一方察觉。第二，人们自然希望对方倾听自己并表示同情，尤其是在自己愤怒的时候。

组织有效移情表述的关键是确认愤怒的根本原因。简单说一声“你生气了”也是一种移情表述，但这过于直白，听起来有迎合的意思，会对愤怒的人火上浇油。我记得在FBI职业生涯早期，有段时间我需要经常出差。我们当时有三个孩子，一个是婴儿，两个还在蹒跚学步。有一次，我出差了两周。当我打开前门宣布我回到家时，我期待的是妻子温暖的拥抱和亲吻，但这种情景并未发生。相反，她的问候语是：“你也该回来了。我就要发疯了，因为你没能在家帮我照料孩子们。”我本可以运用简单的移情声明：“你挺生气的。”不过，这不大会受到欢迎。相反，我用了一个复杂移情表述来解决导致她愤怒的根本问题。我说：“你觉得招架不住，因为我没待在家里帮你照顾孩子。”我击中了一个敏感点。她开始发泄，说：“我通常会在每周三晚上和朋友一起外出，暂时离开孩子，和一些成人聊天来调剂生活。”我本可以用“你怀念和朋友一起外出的日子”之类的简单移情表述，但这仍会导致效果欠佳。相反，我用了一个复杂移情表述来解决导致她愤怒的根本问题。我说：“你珍惜和朋友在一起的时光，因为那让你有机会从孩子身边暂时分身。”

愤怒只是某种潜在问题的外在表现。移情表述应该针对潜在问题。揭露愤怒的真正原因有助于发泄，组织有效的移情表述可以对此加以控制。

②发泄

发泄是打破愤怒循环的一个关键组成部分，因为它能缓解挫折感。移情表述将愤怒对象描述为不具威胁性，从而减轻了愤怒者的争执或逃避应对所导致的影响。一旦愤怒的人发泄了他们的挫折感，他们就能更容易地找到解决方案，因为他们会在不那么愤怒的情况下进行更清晰的思考。

发泄并非一次性行为，而是系列行为。初次发泄通常最具威力，这能让对方在交流一开始就“燃尽”大部分怒气。随后的发泄力度会越来越弱，除非有新“燃料”重新激起怒火。

每次发泄行为都伴随着一个自然停顿。你应该利用这段暂停时间组织一个移情表述。由于移情表述鼓励发泄，愤怒的人可能会继续发泄，尽管力度会减轻。等到再次自然停顿时，你应该组织另一个移情表述。你应该不断地组织移情表述，直到对方的怒气烟消云散。叹息、长呼气、双肩松弛、向下扫视等行为表明他们已经不再愤怒了。

在这个关键节点，你应该引入推定表述。

③推定表述

推定表述可以引导愤怒的人采取行动，最终解决冲突。推定表述的组织方式能令愤怒的人难以抗拒行动方针。组织推定表述需要熟练的关键倾听技能。推定表述能将愤怒的力量转变为双方都能接受的解决方案。

我们回到此前讨论过的“尴尬回归”。经过一系列移情表述，我妻子的怒气消散了。她发出一声长长的叹息，肩膀松弛下来——她的愤怒已被耗尽。现在应该提出一个假定表述，引导她采取行动，寻求解决方案了。我组织了这样的移情表述：“为何不把孩子们送到我妈家，然后我们俩出去好好吃一顿？那是你应得的奖励。”我的妻子很难拒绝我的行动建议。如果她拒绝我的行动建议，就等于承认自己不值得犒劳，她并没有招架不住，也无须从孩子那里脱身，而这正是她在发泄愤怒时表达的意思。我运用这个技巧有效地化解了很容易升级为重大家庭纠纷的窘境，从而避免了可能给我们带来的愤怒感和挫折感。

如果一个愤怒的人拒绝了移情表述，你就应该运用新的移情表述重新尝试打破愤怒循环。如果我妻子拒绝了我的行动建议，我们可能会有以下这样的对话。

我：为何不把孩子们送到我妈家，然后我们俩出去好好吃一顿？那是你应得的奖励。（推定表述）

我妻子：你没那么容易解脱，先生。（拒绝推定表述）

我：那么，你认为出去一个晚上不足以弥补你在我外出期间的付出。（移情表述；重新进入并打破愤怒循环。）

拒绝推定表述通常表明对方尚未完全宣泄他/她的愤怒。重新进入并打破愤怒循环能让对方发泄所有残留的愤怒。一些人会有根深蒂固的愤怒问题，或许永远无法解决。在这些情况下，你可以采取的最佳行动就是认同或者反对，或者双方共同商定不再提及这个敏感话题。这些可能的解决方案能为你们的关系设定界限，使之不至于突然终结。

当你面对愤怒的人时，愤怒循环几乎适用于所有情形。以下是海关人员和外国游客之间的交流，说明了他们可以如何利用愤怒循环解决纠纷。

海关人员：女士，你不能带泥土进入本国。

游客：它是来自神圣之地的“圣土”。我不会丢弃它！

海关人员：哦，你不想丢弃这些泥土，因为它对于你来说很特别。（移情表述）

游客：当然，它很特别。它是幸运土，能避邪。它能保佑我不生病。我不会丢弃它，你不能让我把它丢掉！（发泄）

海关人员：这不能替你避邪，也不能保佑你健康。（移情表述）

游客：从我得到这些泥土开始，就再也没有生过病。我真的需要它。（发泄）

海关人员：保持健康对于你来说很重要。（移情表述）

游客：是的，当然重要。（叹气，伴随肩膀放松的动作）

海关人员：我们一起想办法来解决这个问题。（推定表述）你想这样吗？（由于不无道理，游客无法说“不”。）

游客：当然。

海关人员：按规定，你不能携带泥土进入本国，因为泥土中的微生物会侵扰本国作物。（提供解释）我敢肯定，你不想担负让数百万人患病的责任，是吧？（推定表述；由于不无道理，游客无法说“不”。）

海关人员：把泥土给我，你就可以开始你的美国之行了。

游客：如果非得这样的话，那好吧。（自愿服从）

提供选项

如果游客仍然很愤怒，不愿意扔掉泥土，海关人员就会重新进入愤怒循环，尝试将其打破。以下交流说明了如何重新进入愤怒循环。

海关人员：把泥土给我，你就可以开始你的美国之行了。

游客：不，我的泥土没受污染。我必须留着它。

海关人员：你很热切地要保留你的泥土。（移情表述）

游客：我要留着它！我能至少保留一小勺吗？（转向自愿服从）

海关人员：那你就是在尝试至少带一部分泥土进入本

国。（移情表述）

游客：是的，当然，我能至少保留一小勺吗？这样肯定不会对任何事物造成损害。（转向自愿服从）

海关人员：极少数量的泥土也能严重损害作物。（提供解释）把泥土给我，你就可以开始你的美国之行了。（推定表述）

游客：那好吧，如果非得这样的话，我就把它给你。但我真的不想这么做。（自愿服从）

如果重新进入愤怒循环却未能使游客自愿服从，海关人员应提供两个选项，然后允许这个愤怒的人从中选择一个——这样可以使对方产生控制局面的错觉。以下交流说明了如何应用“你来选择”的技巧。

游客：我不想扔掉我的泥土。

海关人员：你似乎坚持保留你的泥土。（移情表述）按规定你不能携带泥土进入本国。你必须做个决定。要么扔掉你的泥土，然后进入本国；要么留着你的泥土，然后不得进入本国。（提供两个选项）这由你来决定。从现在开始，事情由你说了算。看你想选哪个了。（制造游客控制局面的错觉）

游客：我其实没法选择，因为我想进入这个国家。泥土给你吧。（自愿服从）

海关人员：你做出了正确的决定，欢迎来到美国。

在每个情境中，海关人员都维持着局面由游客控制的错觉，但其实他是在逐步引导游客往自愿服从的方向发展。

一些人认为，当运用能导致微妙影响而不致造成威胁的服从技巧时，他们是在放弃自身权力。通过打破愤怒循环实现自愿服从，不仅能强化你的权威，还能降低沟通失败、愤怒者一直积攒怨气和违规意识变本加厉的概率。一旦打破愤怒循环，愤怒的人就很可能认可你希望他们做出的决定，同时认为自己得到了你的尊重。对一场愤怒对峙来说，这算是最好的结果了。

维持长期关系

如果你运用本书描述的工具去建立和维持健康、快乐的关系，你几乎可以战无不胜。但是，如果你已经尽了最大努力，却依然搞砸了某种短期或长期关系呢？接下来怎么办？尤其是人们在长期交往中已经投入了大量的时间和努力，他们希望这些关系不要一遇到压力迹象就轻易崩溃。而事实上，这些关系通常不至于崩溃。大多数人都会抱着尽量维持的态度保持婚姻和其他形式的长期关系。

但有的时候，即使是动机良好、责任心强的人，也会发现难以维持长期关系。这是为什么？原因有很多，最常见的原因包括：

- 兴趣各异。20 岁时有着同样观点和职业规划的人到 30 岁时会出现见解差异。如果双方不能观点一致地看待所发生的变化，新的事业或生活重心会对长期关系构成巨大压力。
- “空巢”综合征。一旦子女离家，父母一方或双方有时会做出相同选择。

- 需要更多自由。长期生活在一起，尤其是很早就结婚的伴侣，有时会有束缚感，渴望他们眼中的单身朋友所享有的自由。这是“这山望着那山高”综合征的一个典型例子。已婚人士渴望单身人士享有的自由，而单身人士渴望已婚人士拥有的承诺。
- 需要改变。你是否曾经对 60 ~ 80 岁的人会选择结束长期关系而感到疑惑？他们有时只是基于这样的认识：人不能永生，机会之窗马上就要关闭，如果一方希望有机会体验不同的生活方式，最好抓住这最后的机会。
- 一方或双方性格的改变。我们的性格并非从青少年时期形成之后就会保持不变。我们会随着时间的变化而改变，如果这些改变会导致人们疏远，他们通常会选择分手。
- 第三方破坏。行为科学家一直在争论一个问题：一夫一妻制是不是人类的“天性”。随着他们持续的争论，长期关系也因为婚外情所导致的不忠行为和伴侣替换而继续崩溃。
- 厌倦。过度的一成不变会导致厌倦，这是关系崩溃的催化剂，会使一度充满激情的互动关系变得俗不可耐，令人生厌。
- 出现不兼容。关系在发展，关系中的人也在发展。如果关系一方的行为发展不被对方接受，就有可能出现问题。例如，关系一方可能开始酗酒或赌博，变得性冷淡，或者开始离群索居，甚至开始打呼噜（令浅度睡眠的伴侣感到焦虑）。

好消息是，如果相关各方决心在一起，并愿意采取必要行动修复关系，保持关系完好，很多（如果不是全部的话）此类问题都能通过共同努力或是劝导加以解决。

即便是最好的朋友之间也会发生最激烈的争论！

良好的人际关系，无论是长期还是短期关系，都需要努力培养才能持久。如果希望关系持久，你就要像希望自己的植物和树木充分成长的园丁那样，用关怀、耐心和充满爱的理解去培养关系。不能一看到有恶化迹象，就任由关系消亡。在你考虑结束某个关系之前，你必须确信自己已经尽了最大努力去挽救它。

分歧降级

曾经有人给了我一个很好的忠告，我总是尽可能地把它传授给年轻的伴侣们：当关系仍然新鲜、充满活力和爱意时，给彼此写信。倾心相待，不厌其烦地告知你喜欢和欣赏对方的哪些方面，但是双方不要一起分享这些信件。相反，要把它们单独密封，在封面写上你伴侣的名字。然后把信件放在一个盒子里，再把盒子保存在一个安全的地方。

等关系变糟的时候，你们可以交换并阅读这些信件。或许，这种情感提示信足以重振爱的感觉，并开启一个新的亲密时代。当你处于僵局，需要“某种东西”让你和你的伴侣回到解决问题的轨道上来时，这些信件还可以用作情感破冰船，激发你去解决所有重大的问题。

我对某人提到过这个主意，他真的做了一个带玻璃面的木匣，类似许多大楼里都有的火灾报警箱。然后，他还给这个木匣加装了一把带链子的小金属锤。匣子上有这样的标记："如果要离婚，就打破玻璃。"匣子里的信件是对这对伴侣的持续提醒，让他们记起最初恋爱时为什么喜欢和欣赏对方。在争执或分歧升级的过程中，任何一方都可以提出："现在要打破玻璃吗？"这种不怎么微妙的提醒，能让争执或分歧迅速降级，帮助这对伴侣成功地平息他们的冲突。

8 洞察人性

每个人都可以在网上为所欲为。现实世界里的相遇才更复杂。

——某家网站

这是一个真实的故事。它算得上一个爱情故事，但只能发生在我们这个网络时代。当事人是一位时年68岁的教授和一位内衣模特。这位大学者是一位理论粒子物理学家，已经在北卡罗来纳大学教堂山分校工作了30年。

这位刚离婚不久、备感寂寞的教授访问了一些在线约会网站，联系到了这位捷克美女。通过一系列电子邮件、聊天室会话和即时信息，教授明显发现这位极其漂亮的模特儿想放弃自己的事业，和他结婚。他从未想过这位网上女子会是一个冒名顶替者，也没想过一个魅力十足的年轻模特儿怎么会非他不嫁。

很遗憾，他还是发现了其中的奥秘，并为此费尽了周折。在教授多次尝试和这位年轻女子电话交谈未果之后，她终于同意从虚拟世界步入现实生活。教授要做的只是飞往玻利维亚见她，那是她目前工作的地方。他欣然同意。接下来的故事就让人伤心难言了。

因机票问题延迟抵达玻利维亚之后，教授发现他的“女朋友”已经离开了那里。不过，她告诉他不必担心，她会送他一张前往比利时布鲁塞尔的机票，到那里和正在拍外景的她会合。她的唯一请求是带上她落在玻利维亚的提包。在布宜诺斯艾利斯机场，工作人员对这个包进行了检查，发现里面藏有 1 980 克可卡因。这位教授最终被指控走私毒品，不过幸运的是，他得到了轻判。

那么，那位真正的捷克内衣模特儿对此有何反应呢？恐惧！因为她的名字和毒品走私连在了一起，还有对她从未在网上和其他地方见过的学术界追求者的“同情”。据详细报道此事的《纽约时报》记者玛克辛·斯旺（Maxine Swann）说，教授“指出，他在监狱待了一个月之后，狱友们开始设法使他确信：自己这段时间一直与之保持联系的女子很可能是一个冒名顶替的男人”。

基于这个故事，你可能认为我建议大家不要在数字世界中结识朋友，但这种想法是极其错误的。只要你明白如何从骗子中慧眼识友（这正是本章要告诉你的），网上世界就能为你提供某些独特的优势。

互联网适合内向群体

相比面对面交流，内向的人会在社交网络上披露更多信息。这是因为，互联网形式能为内向者提供充足的时间，可以做出有意义的回应，因为内向的人很难发起对话，尤其是与陌生人对话。社交网络消除了这种附加的社交压力。社交网络还允许内向者在不被外向者不停打断的情况下表达自身观点。最后，内向的人更愿意说出心中所想，而不必担心像在面对面沟通中那样直接接收负面反馈意见。

1.容易发现“共同点”

如果有运用相似性法则（见第 4 章）的机会，那只能是在互联网上。在为志趣相投者寻找共同点方面，数字世界能提供完美的匹配环境。想找到集邮爱好者吗？有一个这样的互联网群体。对古董汽车收藏感兴趣？有一个这样的互联网群体。想寻找来自华盛顿州的特殊体育运动狂热群体，他们还必须是动物收容所的志愿者和有机苹果食用者？或许也有一个这样的互联网群体。

这里的关键在于，随着数以百万计的网民、数以千计的聊天室和拥有特定兴趣的群体参与任何真实或虚拟的活动，结交志趣相投的朋友所需要的只是点击一下鼠标。

2.人数

如果你要寻找一位具备特定条件和兴趣的朋友，你更愿意关注哪些方面：是能容纳百人的公共场所，还是有数千万人等待被点击的互联网？日益增多的庞大上网人数能提供更多机会，让你找到最适合自己特定需求的关注对象。

3.减少尴尬

在网络世界，在线用户可以匿名，并能通过点击鼠标启动或终止关系，这使在线用户能够减少当面反对或断然拒绝带来的羞辱和尴尬。当然，如果在线用户发布可疑性信息和图片，尴尬的概率必然会加大。

4.预审潜在朋友的能力

在交友网站，寻找伴侣的人都有机会描述他们对潜在回应者的要求。当然，并非所有浏览这些条件的人都符合要求。很多人都会在网上联系你，哪怕他们并不具备你所要求的条件。尽管如此，某些网站的筛选机制仍能有效地限制联系你的网民人数。

5.有机会“核查人选”

互联网为了解信息获取途径或者有兴趣了解某些事件或人物详情的人们提供了大量信息。互联网应被视为一种工具，用于深入了解你正考虑与之发展关系的人选，无论此人是不是你的网上交流对象。显然，这种信息搜索对于网络上的潜在朋友而言更为重要，因为你并不具备通过现实互动所提供的语言和非语言线索收集信息的优势。

不可否认的是，面对面在线交流的出现极大地改变了寻找朋友、建立关系的现状。随着这种数字互动形式的继续普及，未来几年的关系发展会受到重大影响。

这一切对于你来说意味着什么？用查尔斯·狄更斯的话来说，就是“这是最好的时代，也是最坏的时代”。在正确运用并有适当保障措施的前提下，在数字世界建立友谊可以是一种值得赞赏、富有成效的体验。然而，一头扎进互联网关系而不适当关注相关潜在风险，就注定会导致灾难。在你启动笔记本电脑或者拿起智能手机之前，必须牢记下述重要事项。

发布前请三思

Facebook（脸书）、Twitter（推特）、Instagram（照片墙）、聊天室、特定兴趣群体、电子邮件、博客、互联网搜索引擎、约会网站……这是一个文字意义上的机会聚宝盆，可以让人们搜索并遇到终成朋友甚至终身眷属的人选。

但要有所敬畏，或者套用著名电影《大白鲨》预告片的说法，“无论何时上网，你都要为自己会付出的潜在代价心怀敬畏”。你的任何发言，你访问的任何网站，你发布的任何图片，甚至你的电子邮件和即时信息，都能立刻在互联网上永久存在，留下你的网络足迹。这种足迹并不像沙滩上的足迹那样，很容易就被冲刷不见。

越来越多的未来雇主、潜在恋人、暗恋者、企业，甚至政府机构，都会利用你的网络足迹深入了解你，决定如何对待你，即便他们利用的是几十年前的信息！

请记住，你发布的内容就是……永远的你。无论何时，只要你坐到电脑前登录互联网，就要始终牢记这句话：“如果我要做的事情在明天、1 个月或 10 年内突然出现在本地报纸的头版，我会感到尴尬吗？”如果答案是“会”或者“或许”，一定要在点击发送键或是回车键之前停下来三思……这真的可以避免你在明天或日后陷入悲伤和失望。

网络空间的数字礼仪

技术发展是如此迅猛，以至于有关使用电脑、智能手机等工具的社会规范往往无法与之保持同步。不过还是有一些普遍的准则存在，如果能够遵循这些准则，你和周围人的在线体验就会更安全，也更愉快。这还将提高你结识朋友而不是敌人的概率，无论是在网上，还是在你收发短信、讲话或者搜索附近位置时。

1.智能手机

在佛罗里达州的某家电影院，一名男子因为在室内灯光调暗后使用自己的智能手机而遭到射杀。如果你在不适宜的场所以不恰当的方式收发短信或讲话，很可能就会遭此厄运。不过，你仍然应该遵循一些简单的准则，以保护自身和与你相关的信息不受侵犯。

（1）在手机铃声会构成干扰/不宜发出声响的所有公共或私人场所，所有移动通信设备均应保持静音。

（2）在发声会构成干扰/不适宜的公共或私人场所，所有移动通信设备用户均应避免接打电话。（例如，到一家舒适的餐馆休闲用餐时，我不会愿意听你在电话那头没完没了地讲述有关你家庭或工作的任何问题。）

（3）智能手机会遭到黑客攻击。你最好把不想被本地报纸曝光的图片和其他信息从设备中删除。

（4）大多数手机通信账单都会提供详细的设备主被叫历史。如果你不想让别人知道你的主被叫对象，明智的做法就是谨记保密。

（5）措辞欠佳的自我行动记录会被他人视为不当，把这些记录下来或许不是一个好主意。

（6）“收发色情短信”（尤其是包含图片时）的确很糟糕，即便是在夫妻之间。这些图片有可能突然出现在社交媒体网站上，这令人非常反感，尤其是夫妻离婚后，其中一方或双方怀恨在心时。

（7）不要让VR（虚拟现实）战胜RW（真实世界）的关系。对于谈话对象接打电话（并持续查看社交媒体）的行为，存在着个体忍耐力差异。即使你的伙伴（约会对象、朋友或业务伙伴）比大多数人都更精通科技、更有忍耐力，替你在你们共处时接听电话、查看信息、时不时地翻阅手机仍被认为行为失当。在此前的语言沟通章节中，我曾指出专心倾听对方讲话的重要性，它能体现你对谈话一方的关注和尊重，营造一种良好的环境，便于结交朋友，维系友谊。在对方面前，如果你坚持把手机当作须臾不可或缺的脐带，就别指望能形成良好的关系。

（8）手机会保留其初始区号（不管其使用位置），而且手机对话的传递效果并非始终清晰，因此，当你为了方便对方回叫而预留号码时，要把区号也预留一下，重复完整的号码，这一点很重要。这样的话，你就能提高消息接收方回拨给你的概率。

2.电子信息（电子邮件）

（1）电子邮件的长度介于短信和信件之间，取决于是正式沟通还是非正式沟通。显然，发给潜在雇主或者重要业务联系人的电子邮件更应该比照传统信件，做到深思熟虑、语法流畅。也就是说，应该在电子邮件全文中避免使用短信中常见的缩写形式，并在发送信息之前检查拼写错误。

（2）使用电子邮件沟通时，要慎重考虑你的网名。朋友之间沟通时可以用的网名如果用于联系潜在雇主或者孩子所在学校的领导，就有可能极不恰当。我的一个同事在一所商学院讲授人力资源管理，她向我展示了自己的“不当网名名人堂”清单，上面都是她的学生在求职时用过的网名，其中不乏与性交相关的字眼。

（3）不要用大写字母起草电子邮件。人们认为这相当于在语言互动中吼叫对方，因此被视为粗鲁之举。

（4）永远不要在你极度生气或是心烦意乱时起草电子邮件。我在此前的章节中强调过，陷入这种态度的人很难进行理性的思考。在此时起草的电子邮件往往会反映这种思维受损过程。如果你必须起草这样的信息，先别发送，至少不要立即发送。先搁置几个小时，等冷静下来后再读一遍，以便进行更理性的思考。只有这时你才可以考虑发送邮件……或许已做出了重大修订。不可立即发送满含愤怒的电子邮件的另一个原因是，它有可能令局势进一步僵化。如果将其“搁置”，问题或许会在几个小时内得到解决（或者消失）。仓促间的愤怒回应会使这种可能性消失殆尽。

（5）当你准备发送电子邮件时，一定要核准收件人。如果发件人能确保将其信息发送给特定对象而不是“回复所有人”，就能避免许多尴尬事件。

（6）电子邮件可以“永恒”存在，或者至少在网络空间里逗留数月乃至数年之久。一旦电子邮件“存在”了，它就能被复制、转发、存档，展现自己的活力。每当你编写电子邮件时，你都应该问问自己：“如果这份电子邮件被公开，并在相当长的一段时间内保持公开状态，我还要把它发出去吗？”

（7）已删除电子邮件被你“清除”数月之后仍可被恢复。这是因为许多互联网服务器都能在其计算机上“保存”已删除的电子邮件。那些当事人认为“已删除”的电子邮件一旦被恢复，就会泄露有关个人的敏感信息。在通常情况下，当事人都是在法庭上才得知这些令人不安的消息的。

（8）除非你能确定是谁发送了邮件，并确信他们是真实发件人，不然的话，千万不要打开邮件的附件。（电子邮件地址有时会造成非法访问，然后给联系人名单上的所有人发送病毒信息。这样的信息从表面上看是合法的，因为它是从受感染的个人电脑上发送的。）总之，除非确有必要，最好不要打开任何电子邮件的附件。建议使用附件扫描安全程序保护你的电脑，否则的话，在你的电脑上打开附件就相当于进行无保护措施的性行为。

3. 社交网站（脸书、推特、汤博乐等）

（1）社交网站的过滤机制各不相同：有的能浏览你的帖子，有的则不能。确保自己熟知并能恰当运用这些过滤工具。

（2）要假定你在某个社交网站上发表的任何内容都能被人访

问、浏览和复制。此外要记住，你的潜在雇主、潜在（或实际）伴侣，甚至你的父母、岳父母/公婆或许有一天会访问展示你在大学聚会中饮酒作乐、“重温旧梦”的图片！

（3）在通常情况下，约束一下你的网络足迹是明智之举。过度使用社交网站会扩大你在互联网上的行动范围，有可能在未来给你带来麻烦。

（4）慎重交友！

数字特工

正如你了解到的，我是一个“空中飞人”。这一次，我走近了纳什维尔机场的登机口，准备看看能否持候补机票乘坐稍早的航班，但这个故事不涉及升舱问题。登机口检票员是一男一女，他们俩正在聚精会神地查看一部很贵的数码相机。我听到他们在相互交谈：“这部相机上没有名字，也没有其他独特的识别信息。我们必须找到这部相机的失主，把它还回去。”我问他们在做什么。他们俩异口同声地说：“我们是美国航空公司的‘FBI’。”我告诉他们，我是真的FBI，不过我已经退休了。我问他们，怎样才能在没有任何线索的情况下找到相机的主人。那个男检票员解释说，他们会打开相机，在失主拍摄的照片里寻找线索。我很好奇，因为我看到他们正在解决这个数字难题。随着快速翻阅带有日期标志的图片，他们搜集到了数字线索。失主是一名西班牙裔男性。看来他在拉斯维加斯待过三天，可能是出差，因为没有家人的照片。他下榻在百乐宫酒店。他们继续翻看照片。女检票员突然和那位男士击掌庆贺，她尖声叫道："我找到了！"她给我看相机里上周拍摄的一张照片。照片显示的是一座较新的木结构房子，外墙是蓝色的。我看了看图片，但不明白是什么让他们如此激动。她指着照片中的房子，说："这样的房子通常建在大西洋中部几个州的东海岸。""好吧，"我说，"那又怎样？"于是，她指着前庭里一个几乎看不到的"出售"标牌让我看。"好吧。"我说，并不确定这个标牌有何深意。她利用相机的变焦功能使房地产中介的地址和电话号码清晰地显现出来。这个房地产机构的办公室位于南卡罗来纳州的哥伦比亚市。我终于明白了，不由得大声喊道："相机的主人可能来自南卡罗来纳州的哥伦比亚市，因为如果人们不打算买房的话，通常不会拍摄待售房屋。"女检票员补充说："我们放行的稍早航班就是去南卡罗来纳州哥伦比亚市的。"她拿起了乘客名单，幸运的是，上面的西班牙乘客寥寥无几。我必须登机了，但我确信美航的这两位"FBI"一定能找到失主并归还相机。让我感到吃惊的是，运用几条抽象的数字线索竟能轻易地追踪到相机失主。让我更加吃惊的是，他们不只是归还了这部遗失的相机。据他们说，他们运用类似方法归还过许多丢失或被遗忘的电子设备。这个故事的重点是，在数字世界里很难做到隐姓埋名。你下次在互联网上发表言论，或者用数码相机拍照时，一定要牢记这一点。

发展在线关系前须知

互联网为发展友谊乃至于个人终身大事提供了一个有利环境。这促使推动在线“约会”进程的诸多网站得以发展，也更容易让有意寻找伴侣的人“上钩”。此类网站的负责人声称，网站在介绍“灵魂伴侣”方面取得了巨大的成功：人们可以利用网站提供的平台实现在线会面，并最终在现实世界建立长期关系。

利用互联网寻找意中人可以是有意义的人生经历，也可以是活受罪。你的体验结果取决于诸多因素，我们将在此探讨其中大部分因素。当你借助网络选择朋友和潜在伴侣时，没人能保证你通过互联网建立的这段关系会令你如愿以偿、轻松自如，但你仍然可以有所作为，来增加你获得积极体验（同时减少负面后果）的机会。

有一位小伙子是圣母大学足球队的“明星”球员，他爱上了在网上结识的一名女子。然而悲剧发生了：他的“爱人”死于白血病。更糟糕的是，就在她离世的当天，这位球员的祖母也去世了。

这位“明星”球员遭遇了双重打击，这场悲剧迅速成为美国各大媒体争相报道的头条。但另一则更震撼的消息很快便令之黯然失色：原来，他爱上的那名女子根本没死，因为她根本就不存在！事实证明，她只是某人在网络空间创造的虚拟人物。

然后就是萨娜和阿德南·科拉里克的传奇故事。这对夫妻的婚姻生活并不顺利，所以，在对方毫不知情的情况下，他们分别为自己取了一个可以隐匿身份的网名："甜心"和"快乐王子"，然后就沉溺于在线聊天室，抱怨他们的惨淡婚姻，寻找新的意中人。

经过一段时间的频繁在线交流，这两位疏远多时的伴侣分别在网上找到了心仪的对象，对方似乎对自己的问题颇有共鸣，也说出了自己婚姻中如此奇缺的亲切话语。

萨娜和阿德南都认为自己找到了生命中的真爱。他们分别与各自的意中人约好了会面的时间和地点。到了这个值得庆贺的日子，萨娜和阿德南都借口说自己要外出，以便确保各自的轻率之举不会被对方察觉。然后，他们便动身前去会见各自的网络情人了——各自配偶的完美替代品。

当双方到达约会地点时，萨娜和阿德南第一次见到了他们各自的网上情人。这并非一见钟情。事实证明，萨娜和阿德南一直不知道和自己在网上谈情说爱的对象就是对方。

我们最好把这个问题留给伦理学家和律师，让他们去决定萨娜和阿德南是否行为不忠，因为和自己的配偶通奸是令人无法想象的。不过，"甜心"和"快乐王子"很不爽，根据最新报道，他们互相指责对方不忠，并提出了离婚。

所有这些故事说明了什么?

（1）与面对面互动发展的关系一样，通过互联网建立的关系可以同样亲密，有时甚至会更亲密。

（2）在网络世界，事情往往不像表面看上去的那么简单。

（3）如果世界顶级物理学家都能在网络世界受骗，你或许也不能幸免。

（4）就像在现实世界里一样，网络世界也充斥着恶心、卑鄙、病态之人。

（5）互联网上的关系骗局很常见，超出了我们大多数人的想象。事实上，它们变得如此普遍，以至于人们已经基于这个问题创作了纪录片、MTV（音乐录影带）真人秀系列片和故事片。有一个词甚至也被创造了出来：catfish（网络鲶鱼）。正如互联网律师帕里·阿夫塔布所说，这个词是指“任何假冒社交媒体非在线用户者。这种事情随时在发生”。我把这种说法往前推进了一步，把它改成catphish（网上“钓鱼”），涵盖了企图窃取你身份的黑客。

（6）鉴于互联网提供了“安全斗篷”，人们会在网络上发表他们永远不会在个人真实互动中说出的观点。

（7）和在现实生活中一样，互联网上的事物如果令人难以置信，那它就很可能有诈！社交网络可能导致危险。你在网络世界里发布的信息无法保证不被泄露。你必须假定自己发布的内容具有永久性和公开性。

（8）和面对面交流一样，在互联网上假冒别人身份往往会导致不愉快的后果。

（9）你能以更加安全有效的方式上网。下文提出了一些建议。这些建议不仅与个人网上寻爱有关，还对所有人在网络上结交朋友有所帮助。

测试网络世界和现实世界的真实性

对于我们夫妇来说，让我们的孩子，尤其是让我的女儿在互联网上自由“冲浪”，是一件很可怕的事情。于是，我把自己用于判断嫌疑人真实性的一些技巧教给了孩子们。我这么做是为了保护他们免受网络和现实世界掠食者的伤害。出于同样的原因，我在书中提供这些技巧，希望有助于你避免在网络世界和现实世界被骗。这些看似无碍的真实性测试结果并非确凿的欺诈证据，但它们确实能向你传递强烈的信号，表明某人可能在撒谎，或者至少事实夸大的部分超出了可接受的范围。

1.“呃……”技巧

当你向某人提出一个是非问句，而他们的回答以“呃”开始时，他们欺骗你的可能性就很大。这表明回答问题的人要给出一个你预料之外的答案，对这一点，他心知肚明。以下对话将向你阐明这种技巧。

父亲：你做完家庭作业了吗？

女儿：呃……

父亲：回到你的房间去，完成你的作业。

女儿：你怎么知道我没有完成家庭作业？

父亲：我是一位父亲。我知道这些事情。

父亲无须等待女儿的回答，因为她用“呃……”来回应父亲的直接提问，所以父亲知道女儿的回答一定出乎他的预料。女儿知道，父亲期待她对“你做完家庭作业了吗”这个问题给出一个肯定的回答。

在另一个案例中，我讯问了一名证人，我认为他目睹了一场谋杀。此人出现在犯罪现场附近，但他否认看到了射杀场面。在听到一堆含糊其词的回答之后，我决定测试他的诚信度，就问了他一个是非问句。

我：你看到发生的事情了吗？

证人：呃……从我站的地方很难看清楚。天很黑，一切都发生得太快了。

我直截了当地问了证人一个问题，他知道我期待一个肯定的回答。鉴于他用“呃……”开始回答，我知道他会给出一个否定回答。我让证人把话说完，以免提醒他注意到使用“呃……”的技巧。

使用“呃……”的技巧仅适用于答案非“是”即“否”的问题。当对方回答“谁会成为明年的‘超级碗’冠军”这样的开放式问题时，用“呃……”开头，表明他在斟酌如何回答提问。你应该等对方回答完再做出回应，以免对方注意到这个技巧。注意，如果你的谈话对象察觉到了这个技巧，他/她就会刻意避免用“呃……”来回答。

我们要习惯询问别人答案非“是”即“否”的问题，并且倾听他们的回答。用“呃……”回答或者不予直接回答都是强烈的欺骗信号，需要加倍注意。

2.“是……”的领地

当人们选择不回答“是”或者“否”时，他们就来到了“是……”的领地。“是……”的领地介于真相与谎言之间，这个模糊地带包含各种似是而非的表述、借口和猜测。美国前总统克林顿有一份著名的致大陪审团声明，这份声明为“是……”的领地这个概念带来了灵感。正如克林顿在声明中指出的那样：“它取决于‘是……’这个单词的意思，如果它意味着现在如此，而且此前不曾发生，那么就应另当别论。如果它的意思是根本没有存在过，那它就是一个完全真实的声明。”克林顿巧妙地把检察官带到了“是……”的领地，以避免直接回答检察官提出的答案非“是”即“否”的问题。

以下这对母女的对话说明了“是……”的领地技巧。

> 母亲：老师今天下午给我打电话说，她怀疑你在一次考试中作弊。你考试作弊了吗？
>
> 女儿：我每个晚上花两个小时学习。我比我认识的所有人都用功。只有不学习的人才会考试作弊。我一直在学习。不要指责我作弊！
>
> 母亲：我不是在指责你作弊。
>
> 女儿：不，你就是！

母亲问女儿一个非“是”即“否”的问题。女儿选择不直接回答“是”或“不是”，相反，为了避免直接回答问题，她把母亲带到了一个“是……”的领地。女儿通过谴责的方式结束了她的回答，使母亲处于劣势。母女之间的话题不再关乎作弊，而关乎母亲的无端指责。

母亲首先应该意识到女儿使用了谈话技巧，然后应该重新回到最初的质询话题，这样的话，就可以避免女儿进入“是……”的领地。这位母亲可以这么做。

母亲：老师今天下午给我打电话说，她怀疑你在一次考试中作弊。你考试作弊了吗？

女儿：我每个晚上花两个小时学习。我比我认识的所有人都用功。只有不学习的人才会考试作弊。我一直在学习。不要指责我作弊！

母亲：我知道你学习努力，成绩也很好。我问的不是这个。我问你是否在考试中作弊了。你考试作弊了吗？

通过这种方式，母亲重新回到最初的话题，迫使女儿回答自己的提问：“你考试作弊了吗？”女儿必须回答“是”或者“不是”，抑或是再把母亲带回“是……”的领地。未以“是”或“否”来回应非“是”即“否”的问题并非确凿的欺骗证据，但是欺骗的可能性的确会显著增大。如果女儿的确没有在考试中作弊，就不难做出否定回答。真相很简单，真相很直接，真相并不复杂。

我为什么要相信你

当某人给你提供答案时，你可以直接问他们：“我为什么要相信你？”诚实之人通常会回答“因为我说的是实话”，或者给出某种衍生的理由。诚实之人会简单地传达信息，他们专注于准确地描述事实。相反，说谎之人会力图使他人相信自己所说的是事实。他们的重点不是准确地描述事实，而是要让听众相信，他们所描述的就是真相。由于说谎之人无法基于事实建立诚信，他们往往倾向于增强其可信度，让自己关于“事实”的说法更加令人信服。

当对方没说“因为我说的是实话”，或者没有给出某种衍生理由时，你要告诉他们，他们的这一回应并未回答你的问题，然后再次向他们提问：“我为什么要相信你？”如果他们仍然不说“因为我说的是实话”，或者没有给出某种衍生理由，欺骗的可能性就会增大。以下是一对父子的对话，说明了“我为什么要相信你”的技巧。

父亲：今天上午梳妆台上还有10美元，现在却不见了。你把钱拿走了吗？

儿子：我没拿。

父亲：儿子，我很想相信你，但真的挺难。告诉我，我为什么要相信你？

儿子：我不是小偷。

父亲：我不是问你是不是小偷。我问的是我凭什么相信你。我为什么要相信你？

儿子：因为我没偷钱。我说的是实话。

父亲：我知道，我相信你。

在这段交流中，儿子说自己不是小偷。其实这并未回答“我为什么要相信你”这个问题。父亲给了儿子第二次机会，告诉他问题并不在于他是不是小偷，而是“我为什么要相信你”。这次儿子说：“因为我没偷钱。我说的是实话。”这表明儿子说的话很可能是事实。儿子的确妥善地回答了“我为什么要相信你”这个问题，这并不意味着他所说的就是事实，但它的确使欺骗的可能性减少了。

当与人沟通时，尤其是通过网上即时消息或者手机短信进行交流时，你可以运用这些非侵入性的简单技巧，来测试对方的诚信度。这些技巧非常微妙，你的交流对象甚至不会意识到他们正在接受诚信度测试。运用这些技巧尽管只能发现欺骗信号，而不能找到欺骗证据，但它们的确能成为你防范“网络捕食者”的防线。

个人简介中的欺骗行为

大多数人都不会在网上个人资料，尤其是在线交友资料中准确地描述自己。研究人员托玛、汉考克和埃里森研究了向各种网站提交个人资料的 80 名在线交友者。令人吃惊的是，其中 81% 的人就其一项或多项身体特征（包括身高、体重、年龄）有所隐瞒。女性往往隐瞒自己的体重，男性则往往隐瞒自己的身高。体重高于平均值的女性多在肥胖程度方面有所隐瞒。同样，身高低于平均值的男性多在身高方面有所隐瞒。受访者表示，相比婚姻状况和子女数量之类的人际信息，他们更可能在自己的照片上造假。

在后续的研究中，汉考克和托玛发现所审查的照片中有大约 1/3 都不准确。据判定，女性照片的准确度低于男性照片。与照片相比，女性本人会更显老，她们的照片有可能经过处理，或者是由专业摄像师拍摄的。此外，吸引力较小的人更倾向于美化他们的个人资料。最有趣的发现是，尽管人们经常在网上个人资料中有所隐瞒，但在随后与对方面谈时，他们就会尝试把自己篡改的内容保持在可信范围之内。

对于网上个人资料的虚假程度，我们不应大惊小怪。网上个人资料相当于初次约会。任何初次赴约的人都会尽量展示出自己最好的一面。（就像在第一次求职面试时，我们会穿上我们的“面试”套装一样。）女性会费尽心思地打扮，不厌其烦地化妆。男性则会确保他们的衣服颜色协调，不起皱褶。人们在任何交谈之前都要进行彩排，都会用客套话和端庄的举止精心掩饰自己的性格缺陷和行为怪癖。为了给他人留下美好的第一印象，我们可谓不遗余力。

与某人见面时展现出最好的一面不应被看作一种欺骗，因为你最好的一面仍然属于你自己，只不过你把它进一步强化了。在互联网上介绍自己的人，应该在个人资料中表现出积极的一面，不过，在上传照片和个人资料时，要以真实为界。同样地，想要通过互联网交友的用户应该学会质疑网上的个人资料，要认识到你正在仔细察看的这个人绝对不会比照片上看起来更有吸引力、更符合条件。

男性和女性都觉得有必要满足社会确立的审美标准，媒体也对此推波助澜。人们撒谎是为了让自己更接近标准形象，希望以此吸引朋友或伴侣。自认为未满足此类标准的人会感到缺乏吸引力，也不确信自己能在不撒谎，即展示自己真实身份和真实形象的情况下吸引某个人，并维持与他/她的关系。这种格局在可预见的未来不会改变；相反，随着在线约会方式和互联网聊天室的日益流行和扩散，它很可能会得到强化。

任何在互联网上交友的人，都应该意识到“最佳印象”个人资料和欺骗性个人资料的界限。欺骗性在线个人资料可以吸引求婚者或朋友，不过，一旦骗局被揭穿，信任、失望和背叛问题就会取代兴奋、希望和梦想，成为关系的主要内容。如果你想尝试建立网络关系，在线个人资料必须诚实无欺，你还要有足够的耐心。对的关系值得等待。

降低受骗的概率

目光游离、头部转动，或者音调轻微变化，都能提供有关某人个性、诚意、诚信度的线索。正如本书此前提到的，我们的大脑在评估对方时会持续监测语言和非语言线索，以便弄清它们是否构成了某种潜在的威胁。如果相关线索传递的是敌意信号，大脑就会做出“战或逃反应”，启动防御机制，保护自身免受威胁或潜在威胁。

语言和非语言线索的每个词在每秒钟里都会发生戏剧性的变化。监测这些变化有助于平衡幸福关系和糟糕关系。人们可以利用语言和非语言线索评估对方，同时倚重这种方法保护自身免于建立或持续一段糟糕的人际关系。

网络人际关系缺少人们借以做出类似判断的必要线索。表情符号有助于理解书面信息，但还不够充分。在网络交流中，了解一个陌生人的个性、诚意和诚信度需要具备额外技能。人们不擅长判断自己的网络伙伴，因为缺少在面对面的交流中可以依赖的线索，人们用于评估对方的最可靠方法便不再适用。他们不得不倚重那些可靠性尚未得到验证的技巧。大脑搜集不到用于区分网络交流中潜在的友好和敌意信号的充足数据，培养网络鉴别技能也需要时间。下面是一些你在确定某个潜在网络关系的真实性和价值时有可能会遇到的潜在问题。

事实偏见

人们倾向于相信别人。这种现象被称为事实偏见，它促进了社会与交往的顺利进行和高效运转。如果缺少事实偏见，人们就要花费大量时间核实从别人那里搜集的数据。事实偏见还是一种社会默认现象。如果不断地质疑朋友和业务伙伴的诚信度，那你和他们之间的关系就会变得紧张。因此，除非出现相反证据，人们通常都会选择相信别人。

事实偏见给骗子提供了可乘之机，因为人们愿意相信自己听到、看到或读到的东西。一旦人们意识到有可能受骗，事实偏见就会减弱。事实偏见促使人们相信对方在电子邮件和短信中所写的内容。在缺少语言和非语言线索的情况下，书面交流的真实性不容易遭到质疑。

事实偏见的另一个特征是，一旦人们确实发现了某人的些许破绽或矛盾之处，他们往往会给予谅解，否则就必须质疑对方的言辞或行为。原谅无关痛痒的差异毕竟比质疑对方更容易。对网络事实偏见的最好防备，是审慎地怀疑并运用“竞争性假设”技巧（见下文）。

“首因效应”

事实偏见会导致首因效应。你可能还记得第 3 章提到的，首因效应为我们创造了一面借以观察沟通状况的“滤光镜”。首因效应并不会改变事实，但会改变人们对事实的认知。事实偏见则会创造首因效应。人们倾向于将别人所写的任何东西都视为事实，除非有特定原因引发怀疑。如果缺少语言和非语言线索，人们就会在判断网络书面交流信息时处于劣势。

竞争性假设

发展竞争性假设能力能防止事实偏见和首因效应过分损害你的能力，从而影响你判断书面交流对象的性格和真实性。假设就是训练有素的猜测。竞争性假设是一种基于相同或相似背景，设想不同结果的训练有素的猜测。

例如，有假设认为和你进行书面联络的人是真诚的，他/她所讲的也是事实。竞争性假设则认为，和你进行书面联络的人是一个冒名顶替的骗子，是一个说谎的人。在你和对方的网络书面交流过程中

（例如，在一次即时消息对话中），你应该寻找证据来支持你的初始假设（作者是真诚、可靠的）或者你的竞争性假设（作者是骗子和撒谎者）。

所有证据全部支持初始假设或竞争性假设的情况非常罕见，因为诚实之人的言行往往表现得不够诚实；相反，不诚实之人的言行往往表现得很诚实。不过，证据最终会倾向于支持其中一种假设。防范事实偏见和首因效应的影响，能降低你在网上受骗的可能性。

错误归因

正如我们在第 4 章所讨论的，相比没有吸引力（或者吸引力小）的人，有吸引力的人能获得优待和更多关注。在网络交流中，除非在网络个人资料中附上照片，否则美貌效应都将削弱。要谨记的是，人们往往会在网络个人资料中撒谎，以增强自己吸引伙伴的能力。由于不能和书面交流对象进行面对面的互动，人们缺乏必要的参考依据来评判他们的书面交流效果。

对比在吸引力方面发挥着重要的作用。当两个人并肩而立时，人们往往会对二者进行对比。在没有第二个人作为比较对象时，人们往往会拿自己心目中的“理想化”人物和某个独立个体进行对比。由于在网络上和你进行书面交流的人是独立个体，你会倾向于将此人和你心目中的理想人物对比。随着时间的推移，人们会将自己心目中理想人物的特征赋予书面交流对象。这种错误归因会导致成为受害人的概率增大。

寻找共同点

假定不使用Skype（即时通信软件）等影像传输方式，在网络上建立融洽关系只能完全依赖书面文字。这会限制人们通常在面对面交流中用于建立融洽关系的各种技巧。正如本书此前提到的，寻找共同点是建立融洽关系的一个强大的技巧。为了在互联网上寻找共同点，你必须向你的书面交流对象透露自己的个人信息。披露此类信息是发展融洽关系的另一个强大的技巧。由于互联网沟通是匿名进行的，与面对面交流相比，人们往往会披露更多信息，披露的速度也会更快。导致这种现象的一个原因是，发送方并未获得相关的语言和非语言线索，从而未能了解书面信息接收方关于接受或拒绝其信息的反馈意见。

当人们在面对面沟通中接收拒绝信号时，他们往往会停止披露行为。在网络上却并非如此。事实上，人们在网络上往往会加快披露个人敏感信息。与面对面沟通的关系相比，加快个人信息披露将把关系推上一个较高的水平，并最终跳过关系建立进程的一个重要步骤。在面对面沟通中，这个重要步骤能让潜在伙伴运用语言和非语言线索缓慢地披露信息，以调整关系发展和信息披露的速度。如果这个初始步骤出了问题，双方可以选择分道扬镳，避免因为披露过多敏感信息而导致个人遭到网络攻击。不包括面对面互动行为的网络沟通缺少这一关键步骤，所以人们被骗的概率就会增大。

为美国招募间谍就遵循类似的关系途径。间谍需要培养。发展亲密友谊或浪漫关系的必要步骤和说服某人充当间谍的必要步骤是相同的。在某些情况下，我会出于行动需要加快关系进度。这样的招募方式总是失败，因为我跳过了关系发展的初始步骤。初始步骤是至关重要的。过快地披露过多信息会对关系造成负面影响，导致招募目标采取回避态度。正如此前提到的，如果关系发展过于激进或滞后，相关伙伴就会被认为过“快”或过“慢”。互联网关系往往会违反关系预期，因为当事人会在做好心理准备之前被推到较高的关系强度。这会导致双方的互动缺陷。

感情投资

网络关系持续的时间越长，人们就越有可能因为大量的感情投入而维持关系。这并不意味着他们真的很般配，而是因为他们已经为互动投入了太多时间，认为自己不能放弃。此外，他们的关系已经发展到了一定地步，所披露的大量敏感信息导致了极大的个人弱点，从而无法选择放弃。

为了阐明感情投资对个人行为的影响，我用一个例子来说明怎样在特定情形下（尤其是购买大件物品时）利用感情投资达到自己的目的。在这个案例中，你首先要找到你想买的汽车，然后告诉推销员，如果价格合适，你今天就会买下它。然后，取出你的支票簿，把日期和经销商名称写在支票上。向推销员解释说，只需要首付金额和你的签名就能达成交易了。这张部分完成的支票向推销员释放了一个信息：你真的要买车。

你要说明你的预期出价，然后坐等推销员出来商议。

我有一次进行了8个小时的购车谈判！到推销员要换班时，她终于发了慈悲心。她解释说，她花了8个小时和我谈判，如果不把车卖给我的话，她就是在浪费自己的时间，而这些时间本可以用来向其他人销售汽车。她在谈判上的感情投资给她制造了心理压力，迫使她接受我低得离谱的报价；否则的话，她将不得不面对可预见的失败。

认知失调

当人们同时秉持两种或更多冲突性理念或信仰时，就会发生认知失调。当人们意识到应该终止关系以避免认知失调时，仍会选择持续网络关系。他们不愿相信沟通对象和他们心目中的认定有异，因为那会导致认知失调。

以你自己为例。你自视为一个知识渊博、眼光敏锐的人。你也很喜欢你遇到的人，还和对方进行网络沟通。如果你承认你是网络欺骗行为的受害人，那你未免显得幼稚天真。因此，你拒不相信你的书面交流对象是一个骗子，以避免认知失调会带来的糟糕感受。

圣母大学足球队队员曼迪·特奥曾经是网络捕食者的猎物，他在有关自己被欺骗经历的评论中提到由认知失调导致的那场冲突：“提起这件事很让人尴尬。经过了很长时间，我和在网上遇到的一个女人建立了一种感情关系。通过频繁的网络和电话交流，我们保持着我认为是真实的关系，我开始深切地关心她。无论是当时还是现在，意识到我显然是某人的恶作剧和持续谎言的受害人，都让我感到痛苦和耻辱。……回想起来，我显然应该更加谨慎。如果说还有什么经验值得总结的话，我希望其他人在网上与人交流时，一定要比我谨慎。”

防止被网络“钓鱼”

为了避免自己被网络“钓鱼”，要迫使对方现身于有形世界，然后你可以运用自己对非语言信号的精确认识，验证此人是否符合其在线角色，以及“光天化日”下的关系是否符合呈现在电脑屏幕上的关系。你必须在互联网关系的早期阶段意识到，缺乏非语言线索将使你处于弱势地位。要确立竞争性假设，以避免关系过快地发展。

除非有形的证据支持相反的结论，否则要始终假定你是某种“钓鱼”行为的受害人。要坚持尽快见面。这种会面应该安排在一个人多的公共场所，以减小遭遇人身危险的概率。此外，为了让互联网用户双方都适应这种会面，建议首次见面要随意、短暂——咖啡店约会或者午餐约会可能是最佳选择。

如果实际见面不可行，你就要坚持借助Skype或类似软件进行视频会面。找各种借口回避实际见面或者不断地找借口在网上推脱视频会面的互联网伙伴，所释放的强烈信号是有所顾忌。此时，你应该立即终止你的网络关系，否则你将处于风险之中，而且很可能是重大风险。

在早期关系阶段提出视频会面要求是一个简单、有效的技巧，可以避免被网络“钓鱼”。视频见面能让你评估非语言线索，从而能让你就网络伙伴的真实性做出评价。视频会面还能避免对并不了解的对方进行理想化勾勒。确立竞争性假设能缓解事实偏见效应。在现实会面中，披露敏感个人信息的必要性会降低，从而可以避免关系发展过于迅速。放慢关系发展速度可以减少你的感情投资，从而将终止关系的情感成本降到最低。

在富有诚意的关系中，人们会渴望有形的沟通，尤其是在早期关系阶段。人们会觉得更适应有形的关系，因为他们可以运用可靠的社交技能去更准确地评估对方。有形的会面可以暴露“钓鱼”行为，为网络关系创造平稳的发展环境。

不可否认的是，面对面在线沟通方式的出现已经极大地改变了寻找朋友和建立关系的平台。随着在线互动方式的继续普及，它将对未来岁月的人际关系建立方式造成更大的影响。

认识到上述互联网风险，并运用我建议的技巧去尽量降低这种风险，就有可能建立有意义的网络关系。事实上，我在本章开头列举的那些考虑可以作为在建立关系的初期阶段与他人联系的首选方法。

如果具备适当的谨慎态度和一定的常识，互联网就能成为你友谊工具箱里的又一件工具，用于寻找、发展某种暂时或终身关系。相反，如果你运用这一工具时不加小心，并且忽视所输入和下载的内容，就有可能导致失望后果和潜在的个人灾难。总之，你运用数字工具的方式，将决定它在塑造你的生命质量和关系质量上的最终价值。

< 结语 >

实践友谊公式

正如每个间谍都知道的，盟友往往是从公敌开始的。

——阿莉·卡特，《不要对女孩以貌取人》

这是最后一个间谍故事。这个故事不涉及我的FBI生涯；事实上，这个故事发生在100多年前①。20世纪初，一位德国王子和一位来自英国王室的女子有过一次浪漫约会。让德国政府感到不安的并非约会本身，而是他们发现王子给情人写的情书里充斥着国家机密，这让他们极度不安。他们求助一位“天才”德国间谍“格雷夫斯博士”，给他下达了行动命令：“把那些信弄回来！”

格雷夫斯于是遵命执行。他去英格兰面见了这个女子，为他的祖国索回了王子的情书。以下几页内容摘自格雷夫斯博士的日记，解释了他完成使命的过程。你在阅读这份材料时，看自己能否确认格雷夫

---

① 此处指阿·卡·格雷夫斯（A. K. Graves）的作品《德国作战室的秘密》（*The Secrets of the German War Office*），纽约：麦克布赖德，康泰纳仕，1914年。——译者注

斯博士为了成功拿回情书而运用的各种“取信于人”策略。

我先是把自己安顿在罗素广场酒店，几天后，又转移到奢华的朗廷酒店。我开始进行试探性的调查。我买来所有的社交报纸，从头读到尾，然后认真地摸索途径，通过进一步质疑去定位以那位女士为主角的社交场合。我从在酒店结识的熟人以及报纸的社交新闻记者那里得到了一些零碎的信息。幸运的是，这是伦敦的社交季节，大家都在往城里聚集。我很快就弄清了谁是那位女士的密友，以及她们喜欢的约会地点。下一步是熟悉这位女士的个性，了解她的习惯和好恶。我听说这位女士习惯在海德公园骑马。于是我每天都例行公事，花两个小时沿着马道骑马慢跑。我的耐心在第五天早上得到了回报，我看到她和一群朋友策马跑过我身边。

从那以后，我每天都照例在马道上和这位女士碰面。我很少有值得自豪的事情，但我的骑术确实了得。我并不奢望会有自我介绍的机会，只希望能引起她的注意，让她的圈子适应我的存在，从而使用人类心理学的一个测试点。我运用了针对一副常见但未知的面孔的潜意识吸引力理论。

我很快发现，这位女士和她的朋友是伦敦社交界所有时尚活动的拥趸。我对其中一项活动尤其感兴趣。她们习惯在每天下午的 3~4 点到卡尔顿台地餐馆去吃草莓。我于是也去那里吃草莓。

草莓季节的卡尔顿台地餐馆，实在是研究休闲生活的有趣所在。坐在玻璃封闭、阳棚遮掩的华丽阳台上可以俯瞰泰晤士河，那里来来往往的拖船和翘首冲浪的驳船构成了一幅变幻不已的场景。

在卡尔顿台地餐馆，人们可以享受精美的饮食。通过对女侍者的殷勤致意，我设法弄到了一个非常难得的外围角落桌位，靠近那位女士和她同伴预留的餐桌。

在台地餐馆，他们用一种非常聪明的方法来供应草莓。一支带有10~12颗美味大草莓的藤蔓被放在一个银盆里。这是豪华的极致。你在自己的桌旁从藤蔓上摘下新鲜浆果，台地会提供大量的奶油，然后你支付0.5英镑买下一盘草莓——足够一位普通顾客享用。每天下午我都要买上5盘。

在那些日子里，我每天都要消费2.5英镑买草莓。我通常要给女侍者0.5英镑小费，这使我每天的草莓账单高达3英镑。在大约10天里，我总是在同一时间如此行事：总是在那位夫人的同伴们落座之后谨慎入场，总是点同样分量的食物，总是给女侍者同样多的小费。没过多久，我的行为就开始吸引人们注意了。我很快发现，不单是侍者，还包括台地的老主顾们，都开始对我的怪癖产生了兴趣。有一天我走过餐馆的时候，听到有人说："'草莓狂'来了。"

我对此很满意。我已经被看作餐馆里的非常人物，这位女士不可能对此熟视无睹了。如果你在有利条件下（比如我的草莓"特技"为我创造的有利条件）看她一眼，她也会看过来。然后，你们两人似笑非笑，整个下午不再观望对方。

这绝对不是躲避。准确地说，我们应该称之为心有灵犀。

我继续过我的“草莓节”。终于有一天，我得知她在托人打听我。

与此同时，我给王子的叔叔多次去信，坚持要他给自己的侄子施加压力，让他远离伦敦，甚至以停发津贴为处罚，不许侄子在自己同意之前给那位女士写信。现在，伦敦逐渐热闹起来，社交季节也进入了高潮。我经常出现在当地的各大剧场，还走访了各个俱乐部。我让不同的朋友把我介绍给不同圈子的人。灵活的策略运用令我经常获邀加入那位女士经常光顾的圈子，去喝下午茶，或者参加家庭聚会。

在某个下午的接待活动中，我被介绍给了她。她对我说的第一句话就是：

“你好，来自殖民地的野小子。还那么喜欢草莓吗？”

我们两个都放声大笑。

“看来夫人您观察、归类过我的小动作。”

“当然。”她晃着头说。

然后就是无拘无束的轻松聊天。

从那天起，无论她何时在公共场合（剧院、音乐厅、餐馆等）露面，我都坚持出现在现场。通过各种潜移默化的零星服务，我逐渐赢得了她的信任。我发现，她和王子的私情在她的圈子里是一个公开的秘密。此外，她几乎每天都期待王子能来到伦敦。

我逐渐暗示说，我认识那位王子。随着我进一步得到她的信任，我编造了一些关于他的风流韵事，隐隐约约地给她灌输了一种幽怨情绪，由于他至今未出现在伦敦社交圈，她的怨恨进一步加剧了。而他一直被自己的“叔父殿下”限制活动，正是因为我的提醒。

两个月过去了，我还了解到，这位女士嗜好桥牌赌博，为此输了不少钱。这条信息来之不易，是我从她的女仆那里费了一番功夫问出来的。

从此以后，只要这位女士家有牌局，我就会尽量现身。我用了一些手段，让当地一位臭名昭著的放债人拿到了她的一些欠条，并催促她还债。不断的催促终于使她濒临精神崩溃。而我精心安排的移情手段很快便让她打破了沉默，她忍不住大发脾气，说她欠了钱，她的大多数熟人也都欠人钱——这在圈子里没什么大不了的。

这是一个给予这位女士实质性帮助的大好机会。我们严肃地讨论了她的事情。我发现情况非常复杂。我们还谈论了那位王子。我逐渐说服她根本没希望和王子缔结合法婚姻，不过，鉴于她和王子的关系以及曾经与其订婚的事实，由王室家族给予她某种援助是绝对应该的。因为她是一位性情高傲的理想主义女性，我必须谨慎措辞，以便看起来不像是建议她进行勒索。最后，我说：“你有没有什么把柄，可以迫使王室家族给予你适当的认可和补偿吗？”

漫长的犹豫之后，她跳起来冲出了房间，很快就拿着一叠信件回来了。我看到几封信上盖有王子叔叔的盾形纹章。

这位年轻的傻瓜竟然那么粗心！她怒气冲冲地晃着信件，哭着说："我想知道他的叔父对此有何看法？我为什么可以强迫他娶我。"

机会来了。现在是"趁热"——在这种情况下，就是这位女士正在发火——"打铁"的时候。我建议我们坐下来仔细商量。作为一种引导性抨击，也为了营造一种我所言不虚的印象，我暗示自己和德国的某个最高家族有牵连，那也是我在伦敦隐姓埋名的原因。我在这个问题上的角度是，我是她的朋友，而不是王室家族的朋友，不过，鉴于我了解王室家族及其行事方式，我可以为她提供很大的帮助。

"很遗憾，"我安慰她说，"但你没机会和王子缔结合法婚姻，甚至无法以平民身份和他结婚。我认为，他们对你的整体态度极不公平。考虑到你对他的谅解，你肯定最有资格从他的家族获得适当的补偿。如果诉诸法庭，你能以违反婚约为由获得补偿，但是我能理解你的感受。这种做法只会让你们这样的古老贵族家庭蒙受非难。"

这些话似乎正中她下怀。

"可是我该怎么办？"她说。

"鉴于我对你的友情，"我告诉她，"如果你允许我代你行事，我将深感荣幸。我想我可以和王子的叔父谈判，我保证他会公正地对待这件事。我领会目前局势的极其微妙之处，而你必须认识到委托一名男性处理这件事的必要性。"

她摇着头，神经质地拍打着信件。

“不，我无法容忍，”她说，“不可想象。”

我觉得我必须要火上浇油，于是编造了我有史以来最高明的谎言。在大约5分钟的时间里，我极尽渲染王子，甚至指出与他的出轨行为相比，就连唐璜的冒险行径都称得上圣洁。

“为什么要自己面对，”我说，“他应该在这个季节来这里陪你，但他没有来。你亲口对我讲过，他甚至没有回复你的信。好吧，这就是一切。夫人，他和他的家族应该承受你能给予的任何惩罚。”

惩罚的想法产生了吸引力，另一种想法则被否定。一个女人——尤其是英国女人——义愤填膺的骄傲是可怕的。我不久就匆匆地告辞了。我在我的住处写了两封致自己的信件，签上了王子叔叔的名字。我在信中提出支付这位夫人的欠债。这些信被寄给了我。又经过一段合理的时间，我再次去拜访那位女士，把这些信读给她听。她现在既冷酷又坚强，全权委托我推进此事，让我做出我认为明智的任何安排。

我于是前往王室设在伦敦的银行，告知他们我必须拿到1.5万英镑。4天之内，我拿到了这笔钱。剩下的交易无须赘述。她交还了所有信件和文件，我给了她1.5万英镑。我现在知道这位夫人经常在老公爵赐给她的年度封地上随意旅游。我不知道她是否还会去卡尔顿台地吃草莓，但我可以自夸说，她之所以有现在的好运气，部分原因是她去过那里。

格雷夫斯博士是怎样完成使命的

拜读格雷夫斯博士的日记，可以意识到他完全超越了自己的时代，提前了整整一个世纪运用行为分析和心理学技巧来实现自己的目标，这实在是非凡之举。如果能花时间重读第1章的相关内容，详细了解如何运用友谊公式诱使“海鸥”背叛自己的祖国，变身美国间谍，你会为FBI和格雷夫斯博士在工作中分别运用了类似策略而惊讶。思考一下：

（1）在这两个案例中，针对其目标的招募行动都是计划非常周密，执行过程相当漫长的。两位特工都运用了本书介绍的技巧，促使他们的目标在初次见面之前就已经喜欢上了他们。

（2）格雷夫斯博士和FBI特工查尔斯一样，都运用友谊公式和目标建立了关系。他们首先确立了和自己目标的趋近度，接着增加了频率和持续时间，并逐渐引入了强度、好奇心诱饵和日益强烈的非语言信号。

（3）在这两个案例中，特工都运用了趋近度原则在他们和目标之间建立了非威胁性关系（第1章）。在“海鸥”的案例中，FBI特工煞费苦心地把自己置身于“海鸥”路过的公共场所，以便对方意识到他的存在。在格雷夫斯博士的案例中，他用同样的方法确立了和目标的趋近度：在马道现身，独自坐在目标常坐餐位的邻桌。

（4）在这两个案例中，他们都运用了频率原则和持续时间原则。对于“海鸥”来说，FBI特工以越来越频繁的方式（频率）出现在他购物的线路上，以便被自己发现，然后特工增加了跟随“海鸥”进入商店的持续时间，延长了两人的接触时间。对于那位英国女士来说，格雷夫斯博士增加了自己在马道上路过她、在餐馆看到她的次数。格雷夫斯博士甚至指出了频率的力量，他写道：“我运用了针对一副常见但未知面孔的潜意识吸引力理论。”为了达到持续时间这个目标，他延长了在剧院和音乐会等其他公共场所接触那位女士的时间。你和别人共处的时间（持续时间）越长，你就越能影响他们的决策过程和思维模式。

（5）在这两个案例中，强度是通过运用非语言线索和“好奇心诱饵”实现的。一个陌生人在“海鸥”和英国女士身边持续的出现激起了他们的好奇心。在格雷夫斯博士的案例中，“草莓特技”充当了好奇心诱饵。什么样的男人能够一餐吃掉5份草莓，还给侍者那么多小费？这个人是谁？他想做什么？这样的好奇心促使“海鸥”和英国女士努力调查查尔斯（FBI特工）和格雷夫斯（德国间谍）的身份和意图。格雷夫斯博士指出：“如果你在有利条件下（比如我的草莓“特技”为我创造的有利条件）看她一眼［增加强度］，她也会看过来。然后，你们两人似笑非笑，整个下午不再观望对方。”格雷夫斯博士初次会见那位女士时，她做了一个“撩发”动作（晃了晃脑袋），这是一个友好信号，表明格雷夫斯博士在他们开口说话之前已经建立了一定程度的融洽关系。查尔斯和格雷夫斯都对他们应用的心理学原则充满信心，并留足了让这些原则发挥作用的时间。他们没有急于发展关系。相反，他们让关系随着时间的推移自然发展，就像“正常”关系中的做法那样。

（6）在这两个案例中，格雷夫斯博士和特工运用友谊信号表明自己不具威胁性（见第1章），从而避免他们的目标在初次见面时采取防范态度。特工直到“海鸥”适应了自己的存在之后才去接近对方。格雷夫斯博士独坐在餐馆，制造出他并非威胁的假象。

（7）在这两个案例中，有关他们目标的信息都是通过多种来源收集的。在“海鸥”的案例中，特工从FBI分析师那里得到了信息。在格雷夫斯博士的案例中，他从各个渠道获得了有关他目标的信息。在这两个案例中，他们都在暗中收集了重要信息，从而发现了目标的行为动机，评估了他们的性格，并掌握了可用于确定共同点的信息。格雷夫斯博士运用诱导技巧（见第6章）获取了有关目标的敏感信息，而没有让消息来源意识到他们其实正在提供敏感信息。

（8）格雷夫斯博士前往卡尔顿台地餐馆，不仅为了接近他的目标，还为了通过模仿对方每天吃草莓的行为，和他的目标建立共同点。

（9）格雷夫斯博士运用错误归因心理学原则（见第4章）促使那位女士喜欢上他。骑马和其他体验一样，可以触发内啡肽释放，让人们获得良好的自我感觉。如果这种良好感觉的原因不明，人们就倾向于将它归功于最接近自己的人。根据“友谊黄金法则”，如果你希望别人喜欢你，就让他们获得良好的自我感觉。格雷夫斯博士甚至在对目标开口说话之前就致力于培养融洽关系了。

（10）最后，格雷夫斯博士制造了一种假象，让那位女士认为用信件换债务的主意是自己而不是博士想出来的。在“海鸥”的案例中，“海鸥”在为FBI特工种下的“叛逆种子”浇水、施肥。这是成功行动的真正标志。

这两个相隔百年的间谍故事提醒我们，人性是永恒不变的，如果你愿意运用本书介绍的工具轻触“信任开关”，赢得别人的信任，你就能交到朋友。

“你看到了什么”测试答案

第 191 页上图：本图描述的敌意信号是年轻女士在打哈欠。不过，这个信号并不表明年轻女士厌烦小伙子。你应该运用移情表述去发现她打哈欠的原因。

第 191 页下图：本图描述的三个友好信号是:(1)大笑;(2)歪头;(3)相互凝视。另一个适用答案:(4)开放式姿态。

第 192 页上图：第 191 页下图未显示的另一个友好信号是小伙子和年轻女性的“摊手”动作。

第 192 页下图：两人之间的异步姿态表明关系不融洽。

第 193 页上图：年轻女士身体前倾并微笑，表明感兴趣；但小伙子双臂交叉、身体后倾，表明对她不感兴趣。

第 193 页下图：小伙子面露微笑并身体前倾，表明对年轻女士感兴趣，后者呈封闭式姿态（双臂交叉）和冷漠目光，表明对他不感兴趣。

第 194 页上图：表明关系融洽的友好信号是整理动作，在这个例子中，是年轻女性整理小伙子的衬衫领子。

第 194 页下图：小伙子的微笑和前倾、开放式姿态表明，他对年轻女士感兴趣。不幸的是，基于年轻女士的躯干姿态，她可能和小伙子的感受不同，尽管我们希望在这个例子中发现女孩的更多非语言行为线索。

第 195 页上图：双方之间的融洽程度非常好。信号包括：(1) 都很热情；(2) 躯干姿态是前倾、开放的；(3) 富于表现力的姿态（包括“竖拇指”的信号）；(4) 长时间眼神接触；(5) 微笑。

第 195 页下图：乍看起来，似乎是小伙子占上风，因为他正在用手指指点。但要注意他的后倾动作。（在指点别人时身体后倾是违反直觉的，如果你觉得自己处于上风，你不会用手指指着某人的脸而身体后倾。）年轻女士展示的动作是“两手叉腰”（一种侵略性非语言信号），试图弥补面对小伙子时的身高劣势。年轻女士歪着头，颈动脉暴露，表明她不惧怕小伙子。分析结果：基于小伙子的后倾动作和年轻女士的非语言姿态（其侵略性姿态表明年轻女士并不惧怕），小伙子在本次互动中处于下风。

< 参考书目 >

Ajzen, I. (1977). Information processing approaches to interpersonal attraction. In S. W. Duck (ed.), *Theo y and practice in interpersonal attraction* (pp. 51–77). San Diego, CA: Academic Press.

Antheunis, M. L., v alkenburg, P. M., & Peter, J. (2007). Computer-mediated communication and interpersonal attraction: An experimental test of two explanatory hypotheses. *Cyberpsychology and Behavior, 10,* 831–835.

Aristotle (1999). *Rhetoric* (W. R. Roberts, trans.). In *Library of the Future*, 4th ed. [CD-ROM]. Irvine, CA: World Library.

Aronson, E. (1969). The theory of cognitive dissonance: A current perspective. In L. Berkowitz (ed.), *Advances in experimental psychology,* vol. 4. New York: Academic Press.

Asch, S. E. (1946). Forming impressions of personality. *Journal of Abnormal and Social Psychology, 41,* 303–314.

Aubuchon, N. (1997). *The anatomy of persuasion.* New York: American Management Association.

Balderston, N. L., Schultz, D. H., & Helmstetter, F. J. (2013). The effect of threat on novelty-evoked amygdala response. *PloS o NE, 8,* 1–10.

Ballenson, J. N., Blascovich, J., Beall, A. C., & Loomis, J. M. (2001). Equilibrium theory revisited: Mutual gaze and personal space in virtual environments. *Presence, 10,* 583–598.

Barrick, J., Distin, S. L., g iluk, T. L., Stewart, g . L., Shaffe , J. A., & Swider, B. W. (2012). Candidate characteristics driving initial impressions during rapport building: Implications for employment interview validity. *Journal of o ccupational and o rganizational Psychology, 85,* 330–352.

Brady, E., & g eorge, R. (2013). Manti Te'o's "Catfish" story is a common one. *u SA Today,* January 18.

Branham, M. (2005). How and why do fi eflies light up? *Scientific American,* September 5.

Buffa di, L., & Campbell, W. K. (2008). Narcissism and social networking web sites. *Personality and Social Psychology Bulletin, 34,* 1303–1314.

Byrne, D. (1969). *Attitudes and attraction.* In L. Berkowitz (ed.), *Advances in Experimental Psychology,* vol. 4. New York: Academic Press.

Carlzon, J. (1989). *Moments of truth.* New York: Harper Business.

Carnegie, D. (2011). *How to win friends and influence people.* New York: Simon & Schuster.

Carter, R. (1998). *Mapping the mind.* Berkeley: University of California Press.

Chaplin, W. F., Phillips, J. B., Brown, J. D., Claton, N. R., & Stein, J. L. (2000). Handshaking, gender personality and first impressions. *Journal of Personality and Social Psychology, 79,* 110–117.

Chen, F. F., & Kenrick, D. T. (2002). Repulsion or attraction? g roup membership and assumed attitude similarity. *Journal of Personality and Social Psychology, 83,* 111–125.
Cialdini, R. B. (1993). *Influence: The psychology of persuasion.* New York: William Morrow.
Clark, M. S., Mills, J. R., & Corcoran, D. M. (1989). Keeping track of needs and inputs of friends and strangers. *Personality and Social Psychology Bulletin, 15,* 533–542.
Clore, g ., Wiggens, N. H., & Itkin, S. (1975). g ain and loss in attraction: Attributions from nonverbal behavior. *Journal of Personality and Social Psychology, 31,* 706–712.
Collins, N. L., & Miller, L. C. (1994). Self-disclosure and liking: A meta-analytic review. *Psychological Bulletin, 116,* 457–475.
Craig, E., & Wright, K. B. (2012). Computer-mediated relational development and maintenance on Facebook. *Communication Research Reports, 29* (2), 118–129.
Curtis, R. C., & Miller, K. (1986). Believing another likes or dislikes you: Behavior making the beliefs come true. *Journal of Personality and Social Psychology, 51,* 284–290.
Dalto, C. A., Ajzen, I., & Kaplan, K. J. (1979). Self-disclosure and attraction: Effects of intimacy and desirability of beliefs and attitudes. *Journal of Research in Personality, 13,* 127–138.
Davis, J. D., & Sloan, M. L. (1974). The basis of interviewee matching and interviewer self-disclosure. *British Journal of Social and Clinical Psychology, 13,* 359–367.
DePaulo, B. M. (1992). Nonverbal behavior and self-presentation. *Psychological Bulletin, 111,* 203–243.
DeMaris, A. (2009). Distal and proximal influences of the risk of extramarital sex: A prospective study of longer duration marriages. *Journal of Sex Research, 44,* 597–607.
Dimitrius, J., & Mazzarella, M. (1999). *Reading people: How to understand people and predict their behavior—anytime, anyplace.* New York: Ballantine.
Egan, g . (1975). *The skilled helpe .* Monterey, CA: Brooks/Cole.
Ekman, P., Friesen, W. v., & Ancoli, S. (1980). Facial signs of emotional experience. *Journal of Personality and Social Psychology, 39,* 1125–1134.
Festinger, L. (1957). *A theory of cognitive dissonance.* Oxford, UK: Peterson Row.
Finkelstein, S. (2013). Building trust in less than 10 minutes. *Huffington ost,* July 18.
Frank, M. g ., Ekman, P., & Friesen, W. v. (1993). Behavioral markers and recognizability of the smile of enjoyment. *Journal of Personality and Social Psychology, 64,* 83–93.
Franklin, B. (1916). *The autobiography of Benjamin Franklin* (J. Bigelow, ed.). New York: g . P. Putnam's Sons.
g agne, F., Khan, A. Lydon, J., & To, M. (2008). When flatte y gets you nowhere: Discounting positive feedback as a relationship maintenance strategy. *Canadian Journal of Behavioral Science, 40,* 59–68.
g ivens, D. g . (2014). *The nonverbal dictionary of gestures, signs and body language cues.* Spokane, WA: Center for Nonverbal Studies. Online at http://www.center-for-nonverbal-studies.org/6101.html.
g old, J. A., Ryckman, R. M., & Mosley, N. R. (1984). Romantic mood induction and attraction to a dissimilar other: Is love blind? *Personality and Social Psychology Bulletin, 10,* 358–368.
g rammar, K, J., Schmitt, A., & Massano, A. H. (1999). Fuzziness of nonverbal courtship communication unblurred by motion energy detection. *Journal of Personality and Social Psychology, 77,* 487–508.
g rant, M. K., Fabrigar, L. R., & Lim, H. (2010). Exploring the efficac of compliments as a tactic for securing compliance. *Basic and Applied Social Psychology, 32,* 226–233.
g reville, H. (1886). *Cleopatra.* Boston: Ticknor.
g riffeth, R. W., v ecchiok, R. P., & Logan, J. W. (1989). Equity theory and interpersonal attraction. *Journal of Applied Psychology, 74,* 394–401.
g ueguen, N. (2008). The effect of a woman's smile on men's courtship behavior. *Social Behavior and Personality, 36,* 1233–1236.

g ueguen, N. (2010). The effect of a woman's incidental tactile contact on men's later behavior. *Social Behavior and Personality, 38,* 257–266.

g ueguen, N. (2010). Men's sense of humor and women's responses to courtship solicitations: An experimental field stud . *Psychological Reports, 107,* 145–156.

g ueguen, N., Boulbry, g ., & Selmi, S. (2009). "Love is in the air": Congruency between background music and goods in a fl wer shop. *International Review of Retail, Distribution and Consumer Research, 19,* 75–79.

g ueguen, N., & Delfosse, C. (2012). She wore something in her hair: The effect of ornamentation on tipping, *Journal of Hospitality Marketing and Management, 12,* 414–420.

g ueguen, N., Martin, A., & Meineri, S. (2011). Similarity and social interaction: When similarity fosters implicit behavior toward a stranger. *Journal of Social Psychology, 15,* 671–673.

g ueguen, N., Martin, A., & Meineri, S. (2011). Mimicry and helping behavior: An evaluation of mimicry on explicit helping request. *Journal of Social Psychology, 15,* 1–4.

g ueguen, N., & Morineau, T. (2010). What is in a name? An effect of similarity in computer-mediated communication. *Journal of Applied Psychology, 6,* 1–4.

g unnery, S. D., & Hall, J. A. (2014). The Duchenne smile and persuasion. *Journal of Nonverbal Behavior, 38,* 181–194.

g uo, S., Ahang, g ., & Ahai, R. (2010). A potential way of enquiry into human curiosity. *British Journal of Educational Technology, 41,* 48–52.

Hall, E. T. (1966). *The hidden dimension* g arden City, NY: Doubleday.

Hancock, J., & Toma, C. (2009). Putting your best face forward: The accuracy of online dating photographs. *Journal of Communication 59,* 367–386.

Harnish, R. J., Bridges, K. R., & Rottschaefer, K. M. (2014). Development and psychometric evaluation of the sexual intent scale. *Journal of Sex Research, 5,* 667–680.

Hazan, C. D., & Diamond, L. M. (2000). The place of attachment in human mating. *Review of General Psychology, 4,* 186–204.

Hill, C., Memon, A., & Mcg eorge, P. (2008). The role of confirmation bias in suspect interviews: A systematic evaluation. *Legal and Criminological Psychology, 13,* 357–371.

Hunt, g . L., & Price, J. B. (2002). Building rapport with the client. *Internal Auditor, 59,* 20–21.

Kaitz, M., Bar-Haim, Y., Lehrer, M., & g rossman, E. (2004). Adult attachment style and interpersonal distance. *Attachment and Human Development, 6,* 285–304.

Kassin, S. M., g oldstein, C. C., & Savitsky, K. (2003). Behavior confirmation in the interrogation room: On the dangers of presuming guilt. *Law and Human Behavior, 27,* 187–203.

Kleinke, C. L. (1986). g aze and eye contact: A research review. *Psychological Review, 100,* 78–100.

Kleinke, C. L., & Kahn, M. L. (1980). Perceptions of self-disclosures: Effects of sex and physical attractiveness. *Journal of Personality, 48,* 190–205.

Kellerman, J., Lewis, J., & Laird, J. D. (1989). Looking and loving: The effects of mutual gaze on feelings of romantic love. *Journal of Research in Personality, 23,* 145–161.

Kenrick, D. T., & Cialdini, R. B. (1977). Romantic attraction: Misattribution versus reinforcement explanations. *Journal of Personality and Social Psychology, 35,* 381–391.

Knapp, M. L., & Hall, J. A. (1997). *Nonverbal communication in human interaction* (4th ed.). New York: Harcourt Brace College.

Krumhuber, E., & Manstead, A. S. R. (2009). Are you joking? The moderating role of smiles in perception of verbal statements. *Cognition and Emotion, 23,* 1504–1515.

Lee, L., Loewenstein, g ., Ariely, D., Hong, J., & Young, J. (2008). If I'm not hot, are you hot or not? *Psychological Science, 10,* 669–677.

Lewis, D. (1995). *The secret language of success: u sing body language to get what you want.* New York: g alahad Books.

Lynn, M., & McCall, M. (2000). g ratitude and gratuity: A meta-analysis of research on the service-tipping relationship. *Journal of Socio-Economics, 29,* 203–214.
Macrea, C. N., Hood, B. M., Milne, A. B., Rowe, A. C., & Mason, M. F. (2002). Are you looking at me? Eye gaze and person perception. *Psychological Science, 13,* 460–464.
Mai, X., g e, Y., Toa, L., Tang, H., Liu, C., & Lou, Y. J. (2011). Eyes are windows to the Chinese soul: From the detection of real and fake smiles. *PLoS o NE, 5,* 1–6.
Mantovani, F. (2001). Networked seduction: A test-bed for the study of strategic communication on the Internet. *Cyberpsychology and Behavior, 4,* 147–154.
Martin, A., & g ueguen, N. (2013). The influence of incidental similarity on self-revelation in response to an intimate survey. *Social Behavior and Personality, 41,* 353–356.
Mehu, M., & Dunbar, R. I. M. (2008). Naturalistic observations of smiling and laughter in human group interactions. *Behavior, 145,* 1747–1780.
Mittone, L., & Savadori, L. (2009). The sca city bias. *Applied Psychology, 58,* 453–468.
Moore, M. (2010). Human nonverbal courtship behavior: A brief historical review. *Journal of Sex Research, 47,* 171–180.
Nadler, J. (2004). Rapport in negotiations and conflict resolution. *Marquette Law Review, 5,* 885–882.
Nahari, g ., & Ben-Shakhar, g . (2013). Primacy effect in credibility judgments: The vulnerability of verbal cues to biased interpretations. *Applied Cognitive Psychology, 27,* 247–255.
Navarro, J., & Karlins, M. (2007). *What every body is saying: An FBI special agent's guide to speed-reading people.* New York: HarperCollins.
Nelson, H., & g eher, g . (2007). Mutual grooming in human dyadic relationships: An ethological perspective. *Current Psychology, 26,* 121–140.
Nelson, S. (2014). Woman checks [boyfriend's] phone, finds footage of him having sex with her Staffo dshire bull terrier dog. *Huffington ost u K,* February 14.
Olff, M. (2012). Bonding after trauma: On the role of support and the oxytocin system on traumatic stress. *European Journal of Psychotraumatology, 3,* 1–11.
Opt, S. K., & Loff edo, D. A. (2003). Communicator image and Myers-Briggs type indicator extroversion-introversion. *Journal of Psychology, 137,* 560–568.
Patterson, C. H. (1985). *Empathic understanding: The therapeutic relationship.* Monterey, CA: Brooks/Cole.
Patterson, J., g ardner, B. C., Burr, B. K., Hubler, D. S., & Roberts, K. M. (2012). Nonverbal indicators of negative affect in couple interaction. *Contemporary Family The apy, 34,* 11–28.
Pease, A. (1984). *Signals: How to use body language for power, success, and love.* New York: Bantam Books.
Radford, M. (1998). Approach or avoidance? The role of nonverbal communication in the academic library user. *Library Trends, 46,* 1–12.
Rogers, C. R. (1961). *o n becoming a person.* Boston: Houghton Miffli
Smeaton, g ., Byrne, D. M., Murnen, S. K. (1989). The repulsion hypothesis revisited: Similarity irrelevance or dissimilarity bias. *Journal of Personality and Social Psychology, 56,* 54–59.
Stefan, J., & g ueguen, N. (2014). Effect of hair ornamentation on helping. *Psychological Reports: Relationships and Communication, 114,* 491–495.
Stewart, J, E. (1980). Defendant's attractiveness as a factor in the outcome of criminal trials: An observational study. *Journal of Applied Social Psychology, 10,* 348–361.
Swann, M. (2013). The professor, the bikini model and the suitcase full of trouble. *New York Times,* March 8.
Toma, C. L., Hancock, J. T., & Ellison, N. B. (2008). Separating fact from fiction: An examination of deceptive self-presentation in online dating profiles. *Personality & Social Psychology Bulletin, 34,* 1023–36. The conference paper was later published as a journal article.

v anderhallen, M., v ervaeke, g ., & Holmberg, U. (2011). Witness and suspect perceptions of working alliance and interviewing style. *Journal of Investigative Psychology and o ffender rofiling, 8* 110–130.

v idebeck, S. (2005). The economics and etiquette of tipping. *Policy, 20,* 38–41.

v onk, R. (2002). Self-serving interpretations of flatte y: Why ingratiation works. *Journal of Personality and Social Psychology, 82,* 515–526.

Wang, C. C., & Chang, Y. T. (2010). Cyber relationship motives: Scale development and validation. *Social Behavior and Personality, 38,* 289–300.

Wainwright, g . R. (1993). *Body language.* Teach Yourself Books. London: Hodder & Stoughton.

Whitty, M. T., & Buchanan, T. (2012). The online romance scam: A serious cybercrime. *Cyberpsychology, Behavior, and Social Networking, 15,* 181–183.

Zunin, L., & Zunin, N. (1972). *Contact: The first four minutes.* New York: Ballantine Books.

< 致谢 >

我要感谢加利福尼亚州兰开斯特市戴维·米尔斯（Dave Mills）摄影工作室的戴维和琳达·米尔斯（Dave & Lynda Mills），他们为本书拍摄了照片。戴维和琳达慷慨地奉献了摄影技巧，为本书介绍的选定技巧提供了准确的描述。我要感谢珍妮·尚西（Jenny Chancy）、L. 迈克尔·韦尔斯（L.Michael Wells）、丹尼尔·波特（Daniel Potter）、科里·加尔扎（Cory Garza）和托尼·迪西科（Tony DeCicco），他们审读了手稿，提出了意见和建议。我还要感谢兰迪·马可斯（Randy Marcoz），我和他共事多年，一同讲授并开发新的思路，以提高人们的沟通技能。我要特别感谢作家兼历史学家迈克·迪利（Mike Dilley），我和他合作多年，一起开发、完善了本书介绍的诸多技巧。他还审查、编辑了手稿，在定稿的过程中提出了宝贵建议。我还要感谢在整个求学生涯中遇到的英文老师们，他们兢兢业业，勇于指出我的写作缺陷，耐心地帮助我提高写作技巧。

杰克·谢弗

我很幸运，很多好人在我最需要的时候给了我鼓励和启发，提供了真知灼见。我想在此按姓氏字母顺序对他们表示感谢，感谢他们每个人为我的生命增添意义和快乐。如果我无意中忽略了任何人，在此表示最真诚的歉意。

刘易斯·安德鲁斯（Lewis Andrews），艾伦和苏珊·巴尔福（Alan and Susan Balfour），洛蕾塔·巴雷特（Loretta Barrett），安和史蒂夫·巴彻勒（Ann and Steve Batchelor），莱尔·伯曼（Lyle Berman），卡罗尔·布劳什（Carole Bloch），斯蒂芬妮·博耶（Stephanie Boyer ），埃弗里·卡多萨（Avery Cardoza），陈终道（C. T. Chan），格雷斯·乔克（Grace Chock），辛西娅·科恩（Cynthia Cohen），唐·德利茨（Don Delitz），亚历克斯·德西瓦（Alex DeSilva），莫里斯·德瓦兹（Maurice Devaz），吉姆·多伊尔（Jim Doyle），胡里奥和卡门·恩里克斯（Julio and Carmen Enriquez），伯特、芭芭拉和丹尼尔·弗里德曼（Burt, Barbara and Daniel Friedman），莎莉·富勒（Sally Fuller），吉恩·戈尔登（Jean Golden），约翰·格里宏（John Gollehon），简·戈登（Jan Gordon），戴维和奥迪恩·哈吉斯（David and Odean Hargis），史蒂夫·哈里斯（Steve Harris），菲尔·赫尔穆斯（Phil Hellmuth），波莱特和凯文·赫伯特（Paulette and Kevin Herbert），汤姆·约翰逊（Tom Johnson），格雷斯·琼斯（Grace Jones），桑德拉·卡林斯（Sandra Karlins），米里亚姆和阿诺德·卡林斯（Miriam and Arnold Karlins），罗伯特·金达亚（Robert Kindya），杰里·克勒（Jerry Koehler），艾伯

特·科尔（Albert Koh），弗雷迪·科尔（Freddie Koh），雷·库伊克（Ray Kuik），吉姆·莱文（Jim Levine），莱恩·麦卡利（Len McCully），罗布·默卡多（Rob Mercado），德布拉·米塞利（Debra Miceli），查德·迈克尔斯（Chad Michaels），彼得·米勒（Peter Miller），乔·纳瓦罗（Joe Navarro），杰奎琳·奥斯汀（Jacqueline O’Steen），弗兰·雷金（Fran Regin），玛丽安娜·劳斯（Maryanne Rouse），约翰·拉塞尔（John Russell），华莱士·拉塞尔（Wallace Russell），哈里、珍妮、莉比和莫莉·斯克罗德（Harry, Jeannie, Libby and Molly Schroder），史蒂文·斯卡斯勒（Steven Schussler），麦克·沙克尔福德（Mike Shackleford），斯坦·斯拉迪科夫（Stan Sludikoff），琼和埃里克·斯特德曼（Joan and Eric Steadman），加里沃尔特斯（Gary Walters），安妮特、吉尔和米歇尔·温伯格（Annette, Jill and Michelle Weinberg），罗伯特·韦尔克（Robert Welker），汤姆·威伦（Tom Wheelen），肯·范·沃瑞斯（Ken Van Voorhis），安东尼·维塔莱（Anthony Vitale）。

最后，杰克和我想特别感谢我们的杰出编辑马修·本杰明（Matthew Benjamin），以及西蒙与舒斯特公司的所有其他好人，他们做出了巨大贡献，尽最大可能完善了这部手稿。

马文·卡林斯